大型燃气-蒸汽联合循环电厂培训教材

余热锅炉分册

深圳能源集团月亮湾燃机电厂
中国电机工程学会燃气轮机发电专业委员会 编

重庆大学出版社

内容提要

本书系统介绍了F级余热锅炉的基础知识及典型结构，并详细叙述了F级余热锅炉典型汽水系统与辅助系统、锅炉启停操作、运行调整和事故处理等内容。全书共分8章，第1章概述余热锅炉组成、工作过程与分类等基础知识；第2章介绍了卧式、立式自然循环余热锅炉典型结构；第3章详述典型汽水系统及其运行维护要点；第4章详述余热锅炉辅助系统及其运行维护要点；第5章详述余热锅炉启动；第6章详述余热锅炉运行监视和调整；第7章介绍余热锅炉停炉、保养和维护；第8章介绍余热锅炉常见事故处理，附录列有余热锅炉典型T-Q图与启动曲线、典型PID图与设备规范、焓熵图及常用阀门知识等。

本书内容全面，图文并茂，适合作为燃气-蒸汽联合循环电厂运行人员培训用书，也可作为电厂从事相关工作的管理人员、技术人员和筹建人员的技术参考用书。

图书在版编目(CIP)数据

大型燃气-蒸汽联合循环电厂培训教材.余热锅炉分册／深圳能源集团月亮湾燃机电厂，中国电机工程学会燃气轮机发电专业委员会编.—重庆：重庆大学出版社，2014.4(2023.9重印)

ISBN 978-7-5624-7851-5

Ⅰ.①大… Ⅱ.①深…②中… Ⅲ.①燃气-蒸汽联合循环发电—发电厂—技术培训—教材②废热锅炉—技术培训—教材 Ⅳ.①TM611.31

中国版本图书馆CIP数据核字(2013)第274469号

大型燃气-蒸汽联合循环电厂培训教材

余热锅炉分册

深圳能源集团月亮湾燃机电厂
中国电机工程学会燃气轮机发电专业委员会 编

策划编辑：杨粮菊

责任编辑：杨粮菊　版式设计：杨粮菊

责任校对：邬小梅　责任印制：张　策

*

重庆大学出版社出版发行

出版人：陈晓阳

社址：重庆市沙坪坝区大学城西路21号

邮编：401331

电话：(023) 88617190　88617185(中小学)

传真：(023) 88617186　88617166

网址：http://www.cqup.com.cn

邮箱：fxk@cqup.com.cn (营销中心)

全国新华书店经销

POD：重庆新生代彩印技术有限公司

*

开本：787mm×1092mm　1/16　印张：11.25　字数：306千

2014年4月第1版　2023年9月第3次印刷

ISBN 978-7-5624-7851-5　定价：39.00元

《余热锅炉分册》

编　委　会

编写人员名单

主　　编　甘孟必
参编人员　（按姓氏笔画排序）
王如发　王勇涛　李观轩
张　恒　赵　君　曹　乾
谢　毅

序言

1791 年英国人巴伯首次描述了燃气轮机(Gas Turbine)的工作过程。1872 年德国人施托尔策设计了一台燃气轮机,从 1900 年开始做了 4 年的试验。1905 年法国人勒梅尔和阿芒戈制成了第一台能输出功率的燃气轮机。1920 年德国人霍尔茨瓦特制成了第一台实用的燃气轮机,效率为 13%,功率为 370 kW。1930 年英国人惠特尔获得燃气轮机专利,1937 年在试车台成功运转离心式燃气轮机。1939 年德国人设计的轴流式燃气轮机安装在飞机上试飞成功,诞生了人类第一架喷气式飞机。从此燃气轮机在航空领域,尤其是军用飞机上得到了飞速发展。

燃气轮机用于发电则始于 1939 年,由于发电用途的燃机不受空间和质量的严格限制,所以尺寸较大,结构也更加厚重结实,因此具有更长的使用寿命。虽然燃气-蒸汽联合循环发电装置早在 1949 年就投入运行,但是发展不快。主要是因为轴流式压气机技术进步缓慢,如何提高压气机的压比和效率一直在困扰压气机的发展,直到 20 世纪 70 年代轴流式压气机在理论上取得突破,压气机的叶片和叶形按照三元流理论进行设计,压气机整体结构也按照新的动力理论进行布置,压气机的压比才从 10 不断提高,现在压比则超过了 30,效率也同步提高,也同时满足了燃机的发展需要。

影响燃机发展的另一个重要原因是燃气透平的高温热通道材料。提高燃机的功率就意味着提高燃气的温度,热通道部件不能长期承受 1 000 ℃以上的高温,这就限制了燃机功率的提高。20 世纪 70 年代燃机动叶采用镍基合金制造,在叶片内部没有进行冷却的情况下,燃气初温可以达到 1 150 ℃,燃机功率达到 144 MW,联合循环机组功率达到 213 MW。20 世纪 80 年代采用镍钴基合金铸造动叶片,燃气初温达到 1 350 ℃,燃机功率 270 MW,联合循环机组功率 398 MW。90 年代燃机采用镍钴基超级合金,用单向结晶的工艺铸造动叶片,燃气初温 1 500 ℃,燃机功率 334 MW,联合循环机组功率 498 MW。进入 21 世纪,优化冷却和改进高温部件的隔热涂层,燃气初温 1 600 ℃,燃机功率 470 MW,联合循环机组功率 680 MW。解决了压比和热通道高温部件材料的问题后,随着燃机功率的提高，新型燃机单机效率大于 40%，联合循环机组的效率大于 60%。

为了加快大型燃气轮机联合循环发电设备制造技术的发展和应用，我国于 2001 年发布了《燃气轮机产业发展和技术引进工作实施意见》，提出以市场换技术的方式引进制造技术。通过打捆招标，哈尔滨电气集团公司与美国通用电气公司，上海电气集团公司与德国西门子公司，东方电气集团公司与日本三菱重工公司合作。三家企业共同承担了大型燃气轮机制造技术的引进及国产化工作，目前除热通道的关键高温部件不能自主生产外，其余部件的制造均实现了国产化。实现了 E 级、F 级燃气轮机及联合循环技术国内生产能力。截至 2010 年燃气轮机电站总装机容量 2.6 万 MW，比 1999 年燃气轮机装机总容量 5 939 MW 增长了 4 倍，大型燃气-蒸汽联合循环发电技术在国内得到了广泛的应用。

燃气-蒸汽联合循环是现有热力发电系统中效率最高的大规模商业化发电方式，大型燃气轮机联合循环效率已达到 60%。采用天然气为燃料的燃气-蒸汽联合循环具有清洁、高效的优势。主要大气污染物和二氧化碳的排放量分别是常规火力发电站的 1/10 和 1/2。

在《国家能源发展“十二五”规划》提出：“高效、清洁、低碳已经成为世界能源发展的主流方向，非化石能源和天然气在能源结构中的比重越来越大，世界能源将逐步跨入石油、天然气、煤炭、可再生能源和核能并驾齐驱的新时代。”规划要求“十二五”末，天然气占一次能源消费比重将提高到 7.5%，天然气发电装机容量将从 2010 年的 26 420 MW 发展到 2015 年的 56 000 MW。我国大型燃气-蒸汽联合循环发电将迎来快速发展的阶段。

为了让广大从事 F 级燃气-蒸汽联合循环机组的运行人员尽快熟练掌握机组的运行技术，中国电机工程学会燃机专委会牵头组织有代表性的国内燃机电厂编写了本套培训教材。其中燃气轮机/汽轮机分册分别由三家电厂编写，深圳能源集团月亮湾燃机电厂承担了 M701F 燃气轮机/汽轮机分册，浙能集团萧山燃机电厂承担了 SGT5-4000F 燃气轮机/汽轮机分册，广州发展集团珠江燃机电厂承担了 PG9351F 燃气轮机/汽轮机分册；深圳能源集团月亮湾燃机电厂还承担了余热锅炉分册和电气分册的编写；深圳能源集团东部电厂承担了热控分册的编写。

每个分册内容包括工艺系统、设备结构、运行操作要点、典型事故处理与运行维护等，教材注重实际运行和维护经验，辅以相关的原理和机理阐述，每章附有思考题帮助学习掌握教材内容。本套教材也可作为燃机电厂管理人员、技术人员的工作参考书。

由于编者都是来自生产一线，学识和理论水平有限，培训教材中难免存在缺点与不妥之处，敬请广大读者批评指正。

燃机专委会
2013 年 10 月

前言

本套培训教材包括燃气轮机/汽轮机分册、电气分册、余热锅炉分册和控制分册。电气分册是本套教材丛书的一个分册。

本书主要介绍了美国通用电气、德国西门子和日本三菱公司的F级发电机结构、原理与运行,大型变压器主要结构部件的性能与运行,发电厂电气一次系统的构成和运行原理,高压电器的原理和性能,配电装置的组成,发电厂的防雷与过电压,发电厂电气设备的继电保护,发电机的励磁系统、同期系统,厂用电系统及快切系统、直流系统、不停电电源系统,发电厂控制系统等内容。本书以实用为出发点,选材力求突出F级燃气轮机机组电气系统和电气设备的特点,注重理论和实际相结合,注重知识的深度和广度的结合,注重专业知识和技能的结合,注重新设备新技术的应用。

本培训教材编写人员为一线运行人员,编写偏重于运行实践,内容丰富、实用性强,对电厂技术人员全面掌握配套F级机组电气的知识有较大的帮助。

本培训教材在燃气轮机专委会的直接领导下,由甘孟必主编,林士涛主审。其余编写人员如下:第一章由谢毅编写;第二章由王勇涛编写;第三章由张恒编写;第四章由李观轩编写;第五章由谢毅编写,其中启动典型实例部分由王如发编写,赵君参与编写;第六章由李观轩编写,其中水位调节部分由王如发编写,王勇涛参与编写;第七章由赵君编写,其中停炉部分由曹乾编写,王勇涛、谢毅参与编写;第八章由曹乾编写,王如发参与编写;附录由曹乾编写。

在本书正式编写前,编委会对培训教材编写的原则、内容等进行了详细的讨论并提出了修改意见;编写期间电厂各级技术骨干提出了不少建设性的意见和建议,同时教材在编写过程中也得到了深圳能源集团东部电厂及其他电厂的专家和技术人员的大力帮助,在此一并致以诚挚的谢意。

编委会

2013年10月

目录

第 1 章 绪论

"余热锅炉"英文简写为HRSG,即Heat Recovery Steam Generator的简称,直译成中文为热回收蒸汽发生器。我国习惯上称为"余热锅炉",本书也采用"余热锅炉"的名称。余热锅炉是燃气-蒸汽联合循环发电的主设备之一,用于回收燃气轮机的排气余热,产生合格的蒸汽来推动蒸汽轮机做功。

在燃气轮机内做功后排出的烟气,仍具有较高的温度,一般为400~610 ℃,且烟气流量非常大(F级机组烟气流量通常在600 kg/s以上)。安装在燃气轮机排气烟道后的余热锅炉,利用这部分排气热能加热给水,使水变成蒸汽,用来发电、供热,或作为其他工艺用汽。

目前我国发电市场发展越来越受到能源政策和节能、环保要求的制约,在人口集中的大中城市,采用高效、节能、低污染的联合循环或者热电联供是大势所趋。随着燃气轮机、余热锅炉和蒸汽轮机组成的联合循环发电技术不断发展,燃气轮机性能不断提高,余热锅炉已向大型化、多流程、高参数方向发展。余热锅炉高压蒸发量已达到270 t/h以上,工作压力10 MPa以上。

F级燃气-蒸汽联合循环机组是国际上技术成熟、性能可靠的产品,在国内外有相当数量的装机台数,并配套了不同类型的余热锅炉。本章主要介绍F级燃气-蒸汽联合循环发电机组配套余热锅炉的基本知识,包括余热锅炉的作用、组成及工作过程、分类、特点及其技术参数等。

1.1 余热锅炉的作用、组成及工作过程

1.1.1 余热锅炉的作用

余热锅炉的作用是吸收燃气轮机排气的热能,产生可用的过热蒸汽驱动蒸汽轮机带动发电机发电,或对外供汽供热。在燃气-蒸汽联合循环电厂中,燃气轮机是工作在高温区域的一种热机,宜于利用高品位的热量;蒸汽轮机是工作在低温区域的一种热机,宜于利用低品位的热量。通过余热锅炉将燃气轮机和蒸汽轮机结合起来,将高品位和低品位的热量同时利用起来,从而提高了循环效率。

图 1.1 为典型的燃气-蒸汽联合循环示意图,图中的三压、无补燃、再热、卧式、自然循环余热锅炉吸收燃气轮机排气热能,产生高压、中压、低压三个压力等级的过热蒸汽,分别送到蒸汽轮机的高压汽缸、中压汽缸、低压汽缸,用于驱动蒸汽轮机。一般情况下,压力等级数取决于燃气轮机功率和系统设计,余热锅炉和蒸汽轮机可以配置为更简单的单个压力等级或两个压力等级。

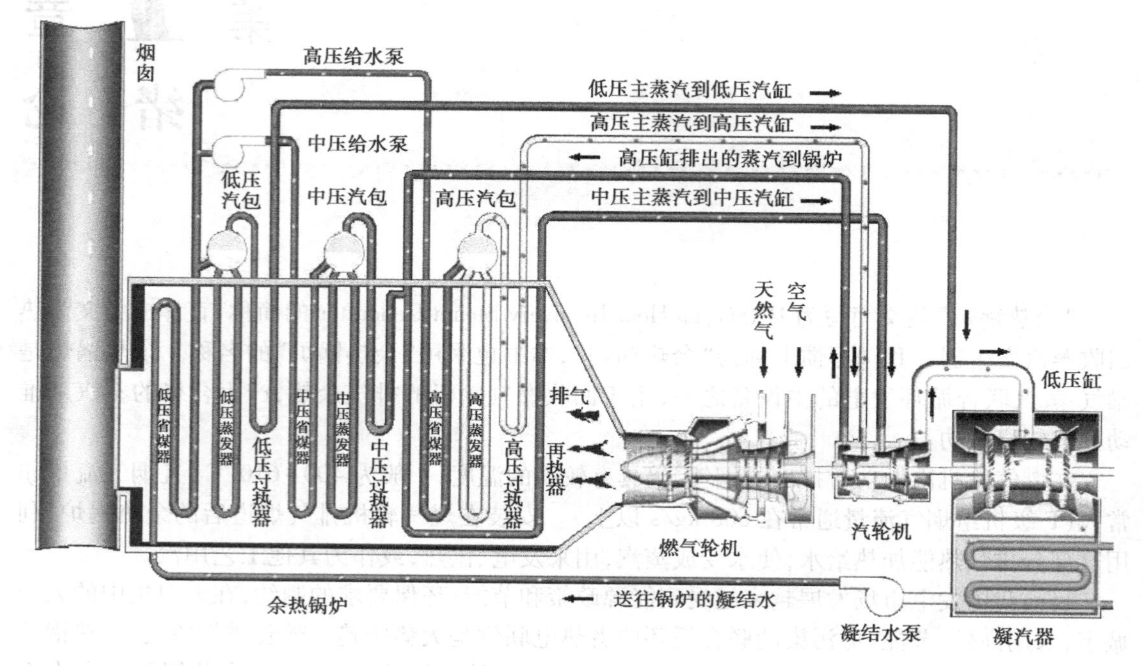

图 1.1　典型燃气-蒸汽轮机联合循环示意图

加装余热锅炉和蒸汽轮机后与燃气轮机组成的联合循环,较简单循环机组的发电量和热效率均有大幅提高。有资料显示,在不增加燃料耗量的情况下,通过余热锅炉产生的蒸汽能使机组发电容量和热效率增加 50%左右。

在整个联合循环中,余热锅炉设计参数取决于燃气轮机和蒸汽轮机参数,随着燃气轮机参数不断提高,锅炉设计参数及机组热效率也将随之不断提高。目前最新型的 F 级燃气-蒸汽轮机联合循环机组热效率可高达 59%。

1.1.2　余热锅炉组成及工作过程

余热锅炉通常由锅炉本体及配套的汽水系统、辅助系统构成。余热锅炉本体由进口烟道、锅炉受热面、出口烟道、烟囱等组成。从燃气轮机排出的烟气,在进口烟道内扩散后,依次流经过热器、蒸发器、省煤器,最后经烟囱排入大气,如图 1.2 所示为单压卧式自然循环余热锅炉组成图。图 1.3 所示为单压立式强制循环余热锅炉组成图。

卧式余热锅炉与立式余热锅炉为两种不同型式的余热锅炉,其差别在于受热面的布置方式不同,但其系统工作流程相同。多压力等级的余热锅炉,除了受热面布置方式不同,汽包安装高度发生变化外,在每一压力等级内的工作流程、基本工作原理相同。

下文以单压卧式自然循环余热锅炉为例阐述余热锅炉的基本工作原理,即单一压力等级

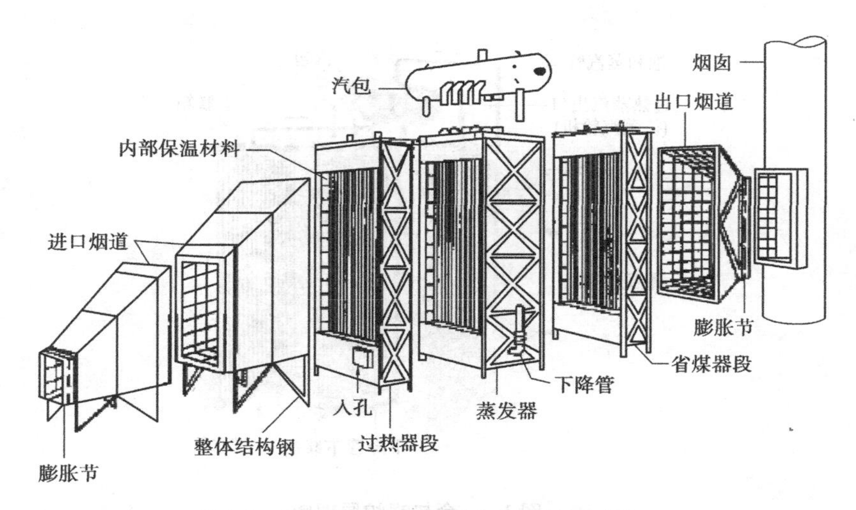

图 1.2 单压卧式自然循环余热锅炉组成图

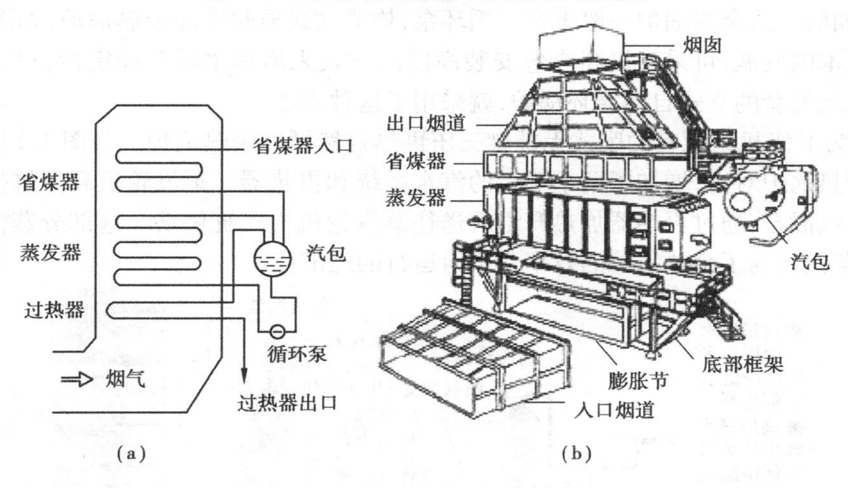

图 1.3 单压立式强制循环余热锅炉组成图

过热蒸汽的产生过程。

图 1.4 所示汽包与蒸发器的上联箱相连,下降管与蒸发器的下联箱相连,下降管位于炉墙外面,不吸收烟气的热量。直立蒸发器管簇内的水吸收烟气的热量后,部分水受热后变成蒸汽,由于蒸汽的密度较水的密度小,两者密度差形成了水循环动力。不吸热下降管内的水比较重,向下流动,直立管内汽水混合物向上流动,形成连续产汽过程。

进入余热锅炉的给水,在省煤器中完成预热,温度升高到接近饱和温度的水平,进入汽包后通过下降管送往蒸发器内受热汽化,在蒸发器中部分给水相变成为饱和蒸汽;从蒸发器出来的汽水混合物进入汽包后进行汽水分离,分离出来的水进入蒸发器再次循环受热汽化,分离出来的饱和蒸汽进入过热器,在过热器中饱和蒸汽继续被加热升温成为过热蒸汽送往蒸汽轮机。

对于受热面横向布置的立式余热锅炉,从给水加热到过热蒸汽的工质状态变化过程与受热面立式布置的卧式余热锅炉完全相同,但工质在受热面内流动方向为水平方向。由于汽水混合物在蒸发器中水平流动,汽相自然上升受阻,流动阻力增加,水循环动力相对较弱。为弥补循环动力的不足,通常采用在下降管进入蒸发器前增加循环泵的方式确保水循环动力的稳

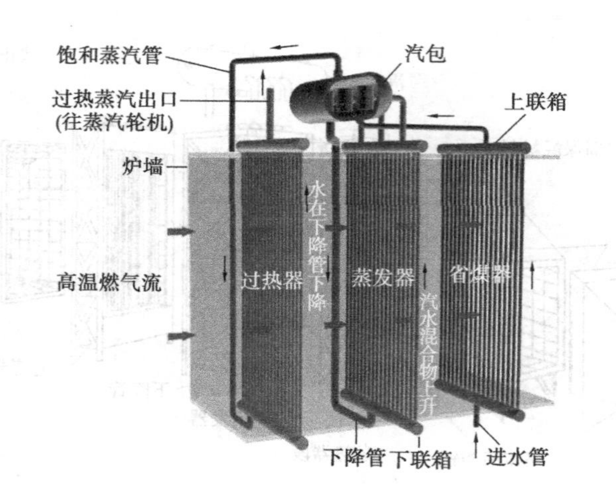

图 1.4　余热锅炉原理图

定,因此早期的立式余热锅炉一般带强制循环泵,构成立式强制循环余热锅炉,如图 1.3(a)所示。随着技术的发展,可采用提高汽包安装高度的方式来增加水循环稳定性,目前国内 F 级联合循环机组配套的立式自然循环锅炉,就采用了这种方法。

图 1.5 为 F 级机组配套的卧式无补燃三压再热自然循环余热锅炉。与图 1.2 所示的单压自然循环余热锅炉对比,增加了两个等级的汽水系统和再热器。蒸汽轮机高压缸排汽与中压过热蒸汽并汽混合,通过再热器加热升温后送往蒸汽轮机中压缸做功。这部分蒸汽叫做再热蒸汽,再热蒸汽提高了余热锅炉的效率及机组运行的经济性。

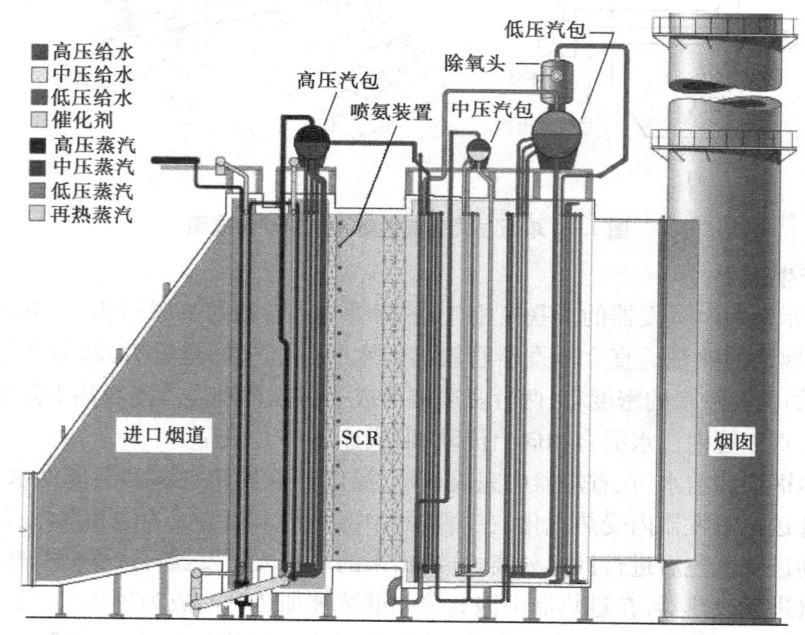

图 1.5　除氧头式三压再热自然循环余热锅炉

图 1.5 所示卧式三压再热自然循环余热锅炉由进口烟道、受热面组件、SCR(Selective Catalytic Reduction 的缩写,选择性催化还原,用于脱硝)、高中低压汽包、烟囱及管道容器等组成。

给水进入低压省煤器吸热后，进入低压汽包（低压汽包上带除氧头的则先进入除氧头，目前F级余热锅炉多为凝汽器真空除氧，不再带除氧头）。如图1.1所示低压汽包两端分别有下降管和给水分配管，给水分配管分别为中压系统和高压系统的给水泵供水，经过高、中压给水泵加压后的水，被送到相应的高、中压省煤器受热后再送入高、中压汽水系统。

图1.6为F级机组配套的立式无补燃三压再热自然循环余热锅炉，也是由进口烟道、受热面组件、SCR系统、高中低压汽包、烟囱及管道容器等组成的。不同的是，其受热面采用水平布置方式。

图1.6 立式三压自然循环余热锅炉

1.2 余热锅炉的分类

余热锅炉可以从不同的角度进行分类，通常可从工作介质、烟气侧热源、结构以及蒸汽参数等方面对余热锅炉进行分类，本节依次从循环方式、受热面布置方式、产生蒸汽的压力等级、烟气侧热源、有无汽包和余热锅炉用途等分类角度作简要介绍。

(1)按受热面布置方式分类

按余热锅炉本体结构布置方式分类，可划分为卧式布置余热锅炉和立式布置余热锅炉。

1)卧式布置余热锅炉

如图1.2所示为典型的卧式单压自然循环余热锅炉。目前F级机组配套的卧式余热锅炉主流配置为三压再热自然循环余热锅炉，大部分情况下采用凝汽器真空除氧，不带除氧头。

2)立式布置余热锅炉

如图1.3所示为典型的立式单压强制循环余热锅炉。目前F级机组配套的立式余热锅炉的主流配置为三压再热自然循环余热锅炉，采用不带除氧头的凝汽器真空除氧方式。

(2)按循环方式分类

根据余热锅炉蒸发器中汽、水循环的方式分类，余热锅炉可分为自然循环锅炉(见图1.2)和强制循环锅炉(见图1.3)。早期立式余热锅炉采用强制循环泵来弥补水循环动力不足的问题，随着余热锅炉技术的不断发展，近年来立式余热锅炉也逐渐开始倾向于采用自然循环。

1)自然循环余热锅炉

自然循环方式余热锅炉如图1.2所示，锅炉为水平布置。自然循环余热锅炉的传热管簇通常为垂直布置，依靠汽水密度差推动工质流动，烟气水平方向地流过垂直方向安装的管簇。汽包布置在管簇模块上方，汽水循环多采用自然循环方式，其工作原理过程如图1.4所示。

2)强制循环余热锅炉

强制循环方式的余热锅炉如图1.3所示，强制循环余热锅炉利用水泵压头和汽水密度差推动工质流动。在立式余热锅炉中，为弥补循环动力的不足，通常采用在下降管进入蒸发器前增加循环泵的方式确保水循环动力的稳定。强制循环一般应用在受热面水平布置的立式余热锅炉上。

(3)按产生蒸汽的压力等级分类

按余热锅炉产生的蒸汽压力等级分类，目前余热锅炉可分为单压、双压、双压再热、三压、三压再热五大类。

1)单压级余热锅炉

余热锅炉只生产一种压力等级蒸汽供给蒸汽轮机使用。

2)双压级余热锅炉

余热锅炉生产两种不同压力等级蒸汽供给蒸汽轮机使用。

3)三压再热余热锅炉

余热锅炉生产三种不同压力等级的蒸汽供给蒸汽轮机，目前F级余热锅炉多采用如图1.5所示的三压再热余热锅炉。

采取何种等级的余热锅炉，主要取决于与之匹配的燃气轮机型式、参数和用户的需要。燃气轮机在额定功率下排气温度低于538 ℃的联合循环，多采用单压或双压余热锅炉，而大功率、高排气温度的燃气轮机多配置三压再热的余热锅炉。

(4)按烟气侧热源分类

按烟气侧热源供给区分，可分为有补燃余热锅炉和无补燃余热锅炉，前者除了吸收燃气轮机排气的余热外，还加入一定量的燃料进行补燃，提升燃气轮机排气温度，以增加蒸汽产量和提高蒸汽参数。

1)无补燃余热锅炉

这种余热锅炉单纯回收燃气轮机排气的热量，产生一定压力和温度的蒸汽。余热锅炉生成的新蒸汽温度不可能高于燃气轮机的排气温度，余热锅炉蒸汽温度和流量随着燃气轮机负荷的变化而改变。

2)有补燃余热锅炉

由于燃气轮机排气中含氧14%~18%，可在余热锅炉适当位置安装补燃燃烧器，燃用天然气或燃油等燃料，提高燃气轮机排气温度，相应提高蒸汽参数和产汽量，改善联合循环的变工况特性。

一般来说，采用无补燃余热锅炉的联合循环效率相对较高。目前，大型联合循环多采用无补燃余热锅炉。

(5)按有无汽包分类

按余热锅炉有无汽包分类可分为汽包余热锅炉和直流余热锅炉。

1)汽包余热锅炉

余热锅炉内每一个压力等级的汽水系统均带有独立汽包的锅炉称为汽包余热锅炉，如图1.5所示。汽包余热锅炉运行稳定性和可靠性均较高，但启动时间相对较长。目前市场上的余热锅炉多为汽包余热锅炉。

2)直流余热锅炉

直流余热锅炉靠给水泵的压头将给水一次通过各受热面变成过热蒸汽，如图1.7(a)所示为卧式直流炉示意图，图1.7(b)所示为立式直流炉示意图。由于没有汽包，故在蒸发和过热受热面之间无固定分界点。在蒸发受热面中，工质的流动不像自然循环锅炉那样靠密度差来推动，而是由给水泵压头来实现，可以认为循环倍率为1，即是一次通过的强制流动。

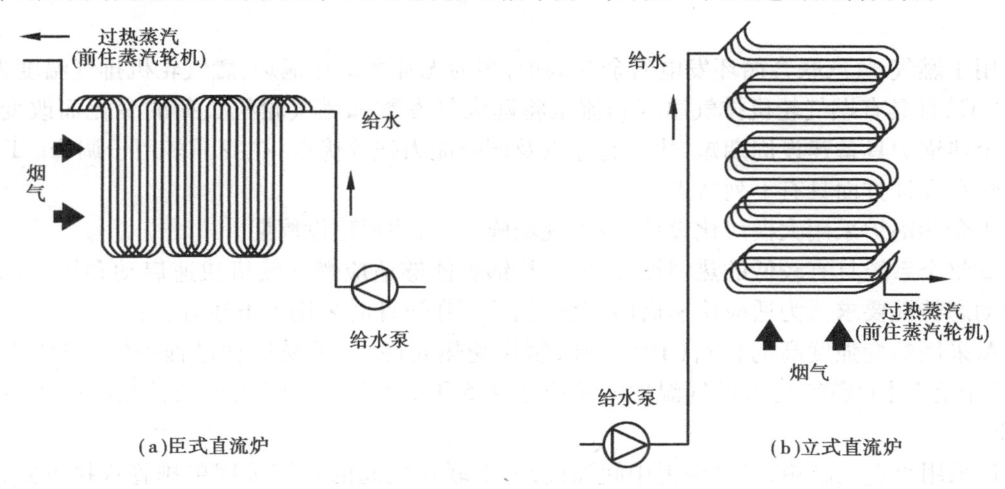

图1.7 直流炉示意图

随着燃气轮机参数的提高，燃气轮机透平排气温度也不断提高。为了进一步提高联合循环的效率，对于超临界蒸汽参数的联合循环可采用直流余热锅炉，因为直流余热锅炉没有汽包和循环泵，启动快速，具有高度灵活的负荷响应特性，适用于新一代燃气-蒸汽联合循环机组。

(6)按用途分类

按余热锅炉产生的蒸汽使用用途，可将余热锅炉分为发电用途的余热锅炉、热电联供用途的余热锅炉、产生回注蒸汽的余热锅炉和特殊用途的余热锅炉。

1)发电用途的余热锅炉

在联合循环装置中，余热锅炉产生的蒸汽，全部输送到蒸汽轮机做功，蒸汽轮机带动发电机发电。

2)热电联供用途的余热锅炉

余热锅炉产生的蒸汽和热水，除了用于驱动蒸汽轮机做功发电外，还供给工艺用蒸汽或供暖热水。

3)产生蒸汽用于回注燃气轮机的余热锅炉

余热锅炉产生的蒸汽,部分或全部回注到燃气轮机。余热锅炉不但回收了排热,且使燃气轮机的比功增大、效率提高。这种形式的余热锅炉要根据燃气轮机的总体性能和用途来匹配设计。

4)特种用途的余热锅炉

一些新的联合循环总能系统利用化工技术来提高能源利用率,如化学排热回收燃气轮机系统(CRGT),利用燃气轮机排热把天然气燃料重整成氢气(H_2)和一氧化碳(CO)后再燃烧,以提高燃料的热值,即通过余热锅炉利用低品位的余热去提高燃料总的发热量(高品位化学能)。这时,余热锅炉实际上是利用透平排热的燃料重整装置的一部分。

1.3　余热锅炉的特点

用于燃气-蒸汽联合循环发电的余热锅炉,多为无补燃余热锅炉,燃气轮机排气温度为400~610 ℃,且具有燃气轮机排气温度和流量将随大气参数和燃气轮机负荷的变化而改变的特点。余热锅炉具备建设周期短、快速起停以及调峰能力强等优点,在我国多用于调峰。F级余热锅炉在设计方面具有下列特点:

①余热锅炉采用大模块化设计,减少现场施工量,缩短建设周期。

②整个系统具有较低的热惯性,以使余热锅炉能够适应燃气轮机快速启动和快速加减负荷的动态特性要求。为适应快速启停,余热锅炉厂在设计时采用了下述方法:

A.采用蠕变强度高的材料(T91、P91)制作受热元件,可承受启动过程中的短时"干烧"。一般"干烧"时的燃气轮机排气温度应不高于475 ℃,每次"干烧"的最长持续时间不宜超过240 h。

B.采用小直径联箱,联箱内无中间隔板,上下联箱之间的管簇采用单排管连接方式,鳍片管无弯头,这样可减小60%左右的热应力。

C.合理地设计余热锅炉的顶部悬吊结构,保证管簇之间柔性连接,以降低附加应力。

D.强化汽水系统的疏水布置,以使机组在启动过程中,过热器和再热器疏水快速充分。

E.适当地选择汽包的尺寸和容积,配置量程宽的水位表,以适应快速启动过程水位波动和蒸汽的冲击。

F.按不同的启动过程要求,对余热锅炉的低周疲劳和寿命折损进行定量控制。

③受热面采用鳍片管簇结构,通过鳍片管簇来扩展受热面积,以避免过大的受热面积而增加烟阻。

余热锅炉的换热方式主要是对流换热,而常规蒸汽锅炉中的蒸发受热面则以辐射换热方式为主。为了增大换热面积而减小烟阻,余热锅炉厂家均采用了鳍片管簇来扩展受热面积。

④在保证受热面不出现低温腐蚀和结露的前提下,尽量降低余热锅炉出口的排烟温度,以获得较高的余热锅炉热效率。

⑤余热锅炉具备适应滑压运行方式的能力。燃气轮机排气温度和流量随大气参数和燃气轮机负荷的改变而变化,进入余热锅炉的热量也将随之变化,因此余热锅炉的蒸汽参数宜按滑压方式变化,这样才能适应燃气轮机的排气温度随负荷的减小而降低的变化特点,防止在高

压、低温的条件下，蒸汽轮机中蒸汽湿度超标造成对叶片的损坏。

⑥当联合循环配置选择性催化还原烟气脱硝系统（SCR）来减少 NO_x 排放时，必须精心地确定烟气脱硝系统（SCR）在余热锅炉中的位置，确保其能在 290~410 ℃工作。

1.4 余热锅炉技术参数

余热锅炉技术参数是表示其性能的主要数据，主要包括余热锅炉容量、蒸汽参数和余热锅炉效率等热力性能数据。余热锅炉技术参数还包括热端温差、节点温差、接近点温差、燃气轮机排气温度、烟阻等。对于多压再热余热锅炉，主要指标参数还包括再热系统的参数。余热锅炉参数取决于其配套的机岛设备参数，机岛设备选定后，余热锅炉参数范围也就随之确定。上述参数也只能在较小范围内调整。

(1)锅炉容量

锅炉容量可用额定蒸发量或最大连续蒸发量来表示。额定蒸发量是在规定的出口压力、温度和效率下，单位时间内连续生产的蒸汽量。最大连续蒸发量是在规定的出口压力、温度下，锅炉单位时间内能最大连续生产的蒸汽量。蒸发量的单位习惯上以吨/时（t/h）表示，余热锅炉的容量也可用与之配套的蒸汽轮机发电机的电功率（MW）来表示。

(2)蒸汽参数

蒸汽参数包括余热锅炉的蒸汽压力和温度，通常是指过热器、再热器出口处的过热蒸汽压力和温度，如没有过热器和再热器，即指锅炉出口处的饱和蒸汽压力和温度。锅炉压力单位用兆帕（MPa）表示，也可用工程大气压（at）表示（1 MPa=10.2 at）。

(3)余热锅炉的效率

余热锅炉的效率是指余热锅炉对燃气轮机排气热量的利用（回收）程度。余热锅炉的效率不仅取决于锅炉排烟温度，还在相当程度上取决于燃气轮机的排气温度，所以余热锅炉效率的高低并不一定能完全代表锅炉设计制造水平的高低，而与燃气轮机排气温度、所选的蒸汽循环方式、节点温差以及燃料成分密切相关。当采用多压汽水系统时，锅炉排烟温度比单压汽水系统低很多。如果节点温差选得较小，锅炉排烟温度也能降低。但是，为了防止受热面的低温腐蚀，一般锅炉排烟温度比酸露点或水露点温度高 10 ℃左右。

(4)热端温差

热端温差也叫热端差，是进入余热锅炉的燃气轮机排气温度与流出余热锅炉过热蒸汽的温度之差，如图 1.8 所示。

降低热端温差，可以得到较高的过热度，从而提高过热蒸汽品质。但降低热端温差，同时也会使过热器的对数平均温差降低，也就是增大了过热器的传热面积，加大了金属耗量。目前余热锅炉的热端温差多选择在 30~60 ℃。

(5)窄点温差

窄点温差也叫节点温差，是换热过程中蒸发器出口处烟气与被加热的饱和水汽之间的温差，如图 1.8 所示。当节点温差减小时，余热锅炉的排烟温度会下降，烟气余热回收量会增大，蒸汽产量和蒸汽轮机输出功都随之增加，余热锅炉热效率提高，但平均传热温差也随之减小，必将增大余热锅炉的换热面积。随着余热锅炉换热面积的增大，燃气侧的流阻也将增大，将使

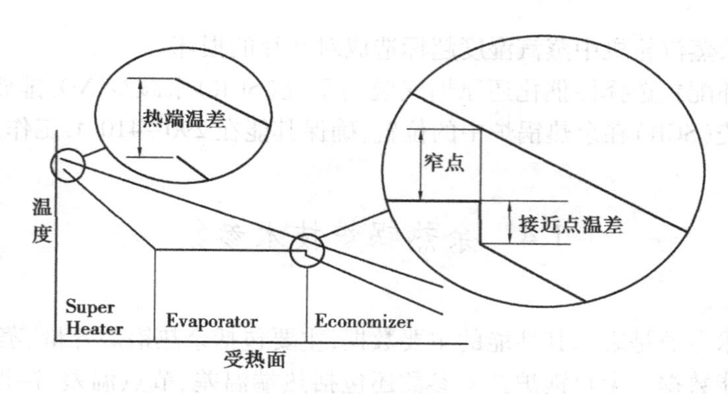

图 1.8　端差、节点温差和接近点温差

燃气轮机的功率有所减小，导致联合循环的热效率下降；且随着节点温差的减小，蒸发器面积按指数曲线关系增大，而蒸汽产量只按线性关系增加。余热锅炉的相对投资费用和相对单位热回收费用也成倍地增加。因此，在设计余热锅炉时，通常取节点温差为 8~20 ℃。

(6) 接近点温差

接近点温差也称为欠温，是指余热锅炉省煤器出口压力下饱和水温度和出口水温之间的温差，如图 1.8 所示。减小接近点温差有利于减小余热锅炉的总换热面积和投资费用，但低负荷工况下或启动期间省煤器内可能发生汽化，造成对省煤器换热面和给水管道的损坏，故接近点温差不能选得太小。目前新投运的 F 级机组一般选取接近点温差为 5~20 ℃。

(7) 锅炉排烟温度

采用单压汽水系统的余热锅炉，排烟温度一般在 160~200 ℃，随着余热锅炉技术的发展，采用双压和三压汽水系统后，排烟温度可控制在 110~120 ℃。对于燃用含硫极小的天然气或合成煤气燃料，由于产生酸腐蚀的可能性较小，排烟温度一般控制在 80~90 ℃，但设备投资相应增加。因而在设计余热锅炉时，应按联合循环效率和投资进行优化设计。对于燃用几乎不含硫的天然气机组，因天然气成本相对较高，可以考虑进一步降低排烟温度。

(8) 烟阻

随着余热锅炉换热面积的增加，余热锅炉烟气侧阻力将有所提高，也就是燃气轮机的排气背压将有所提高，将引起燃气轮机功率和效率下降。计算表明，背压每增加 1 kPa，会使燃气轮机功率和效率下降 0.8%，因此在联合循环设计优化时应综合考虑。余热锅炉及烟道的阻力按联合循环设备采购标准规定，对于单压、双压和三压余热锅炉的烟阻分别为 2.5、3.0、3.3 kPa（无脱硝装置）。

(9) 循环倍率

在自然循环的水循环回路中，进入蒸发器上升管的循环水量与上升管出口蒸汽量之比称为循环倍率。其物理意义为：进入循环回路中的水量需要经过多少次循环才能全部变成蒸汽，循环倍率一般用 K 来表示。

在规定范围值内，循环倍率越大，工质对受热面管的冷却效果越好，锅炉运行越安全。在实际应用中，为了确保自然循环方式的余热锅炉中水循环的安全性，必须保证最小循环倍率。

(10) 再热性能参数

由于材料与冷却技术的进步，燃气轮机排气温度不断提高，循环效率与功率逐渐增加，燃气轮机的排气温度由低于 538 ℃上升到近年来的 610 ℃左右，具备了为余热锅炉提供足够的高温热量用以实现双压或三压再热蒸汽系统的能力。研究表明,三压蒸汽联合循环系统效率比双压蒸汽联合循环系统的效率大约提高1%,而双压和三压采用再热系统后,联合循环效率均能提高0.8%~0.9%。

复习思考题

1.燃气-蒸汽联合循环中为何采用无补燃余热锅炉,余热锅炉在联合循环中发挥哪些方面的作用?

2.请简述余热锅炉的组成和工作原理。

3.请简述卧式、立式余热锅炉异同点。

4.为何余热锅炉要向自然循环方向发展?结合本厂设备谈谈余热锅炉如何保证其循环动力。

5.本厂余热锅炉采用哪些特别设计来适应燃气轮机快速启动和快速加减负荷的动态特性要求?

6.如果运行中节点温差、接近点温差与原设计值发生偏离,请分析其发生偏离的原因。

7.从适应调峰适用性的角度看,你最希望采用本章介绍中提到的哪一类锅炉?为什么?

第2章 余热锅炉结构

燃气-蒸汽联合循环发电技术具有清洁环保、节能高效、成本适中、安装快捷、节省占地等优点，是目前国际上公认的先进技术。余热锅炉承担从烟气侧向工质侧传递热量的重要功能。随着余热锅炉制造技术的不断发展，模块化的制造方式已经成为主流。余热锅炉制造厂根据系统设计要求，按工艺流程的需要在车间内尽可能将部件组合成模块结构，现场施工人员将模块按照一定的标准和要求进行拼装连接完成整台锅炉的安装，有利于节省安装时间、提高安装质量。

余热锅炉通常由锅炉本体及配套的汽水系统、辅助系统构成。锅炉本体主要由进口烟道、锅炉本体部件、出口烟道及烟囱等组成；其中锅炉本体部件是本章介绍的主要内容。

锅炉本体部件包含各级受热面以及用来支撑、封闭受热面的护板和钢架。多组鳍片管和一定数量的集箱组合起来构成锅炉的受热面单元。受热面的布置数量和方式对锅炉本身的热效率有很大影响。受热面布置多而密，则锅炉吸热量增加，锅炉效率提高，但燃气轮机排气阻力增加，燃气轮机效率下降；反之如果受热面布置少而稀，则锅炉吸热量减少，锅炉效率降低，但燃气轮机排气阻力减少，燃气轮机效率提高。因而锅炉设计需要按照整个联合循环机组热平衡的要求进行反复计算，兼顾锅炉热效率与燃气轮机排气阻力两个互相制约因素，确定最佳的设计方案。

余热锅炉在整体布置上可以分为立式布置与卧式布置两大类，受热面布置方式的不同而导致的结构差异对余热锅炉的制造、安装、运行、维修等环节均有不同程度的影响，本章分别介绍F级卧式、立式余热锅炉结构。鳍片管是受热面单元最重要部件，两种布置方式的余热锅炉都采用了相同的结构和工艺，本章将在卧式锅炉本体受热面一节中简要介绍。

2.1 卧式余热锅炉结构

卧式余热锅炉采用水平方向流动的烟气与垂直布置的受热面进行热量交换的方式来产生过热蒸汽，其本体受热面按照压力等级从前到后依次排列，烟囱布置在最后，烟囱较高且需要独立支撑，如图2.1所示。

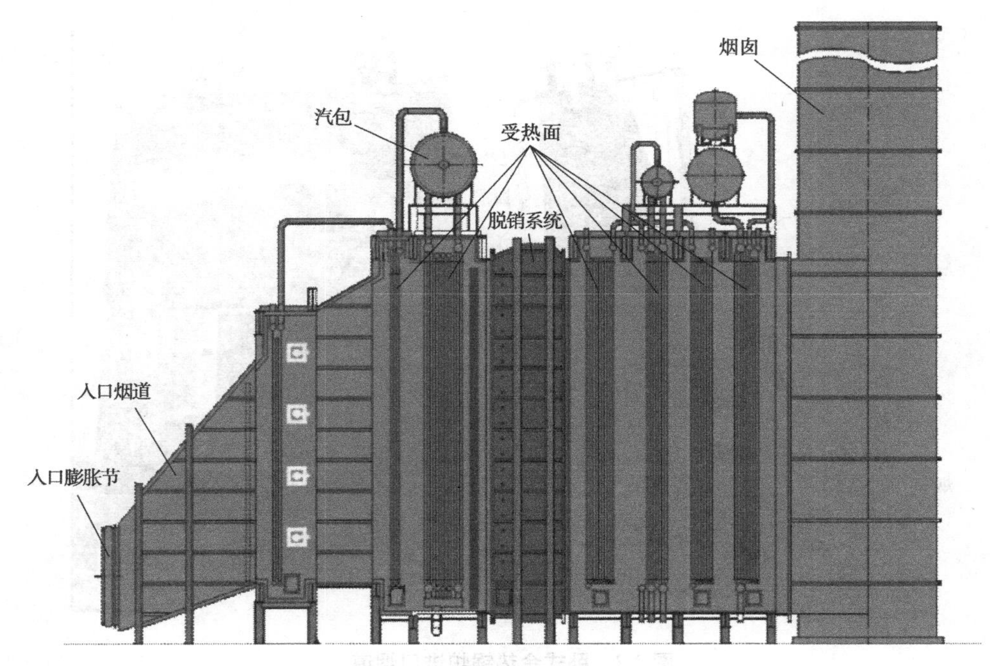

图 2.1　卧式余热锅炉结构示意图

2.1.1　进口烟道

余热锅炉进口烟道的作用是将燃气轮机出口段与余热锅炉本体连接起来，并将烟气均匀地分配给锅炉的受热面。由于燃气轮机排气口的位置会因机型、厂房设计的不同而发生变化，而且燃气轮机出口段与余热锅炉本体入口存在较大的尺寸差异。如果大量烟气直接进入余热锅炉，容易出现沿炉宽、炉高方向烟气流量和热量分布不均的现象，严重影响余热锅炉的传热效果，甚至影响到余热锅炉的安全运行，因此进口烟道的形状设计是十分重要的，需要通过反复模拟试验和计算才能确定。

卧式余热锅炉的烟气流向为水平方向，与燃气轮机排气方向一致，常规做法是在确保烟气流动均匀的前提下将进口烟道设计成沿余热锅炉高度方向加速扩张，既可以节省占地，又能节省成本，如图 2.2 所示。

为了吸收锅炉运行时所产生的向下及向前的双向位移量，防止锅炉膨胀对燃气轮机运行产生影响，一般会在锅炉入口烟道前设置一套非金属柔性膨胀节，如图 2.1 所示。

2.1.2　本体部件

余热锅炉本体提供了烟气流动的通道以及安装本体受热面的空间，为了适应高温烟气流动对余热锅炉产生的热应力、热冲击，余热锅炉本体部件应根据燃气轮机排气温度的情况选择不同材料，并预留部件在工作时的膨胀空间。

(1)本体构架

余热锅炉的构架包含钢架结构和护板，由不同规格的型钢和钢板通过焊接或者螺栓连接的方式组合而成。构架的主要作用是承受锅炉本体受热面、汽包、连接管以及锅炉本体结构件等垂直载荷以及燃气轮机的排气压力和冲击力，另外还需达到抗烈度 7 级以上地震的能力。

图 2.2 卧式余热锅炉进口烟道

目前的锅炉设计中，本体构架采用典型冷框架设计，一般由内保温隔离，不受热，膨胀量小。卧式余热锅炉的构架结构主要由立柱、护板、横梁组成，如图 2.3 所示。

图 2.3 卧式余热锅炉构架示意图

余热锅炉的钢架结构主要由各种规格的 H 型钢、槽钢、角钢、钢条扁铁以及连接件组成，组合在一起构成整体承力结构。主体钢架一般是由两排立柱和顶部的横梁连接而成，犹如多扇钢制门框连在一起，如图 2.4 所示。为了确保本体构架能自由膨胀，部分立柱与基础台板被设计成可以滑动的结构。除了主体钢架外，余热锅炉钢架还包括一些辅助钢梁，这些钢梁主要用于稳定和强化主钢架、支撑管道、安装平台扶梯、搭设顶棚等。

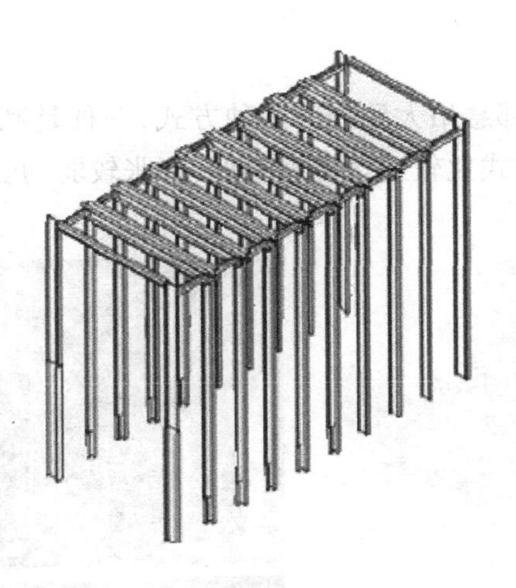

图 2.4　卧式余热锅炉本体钢架图

随着燃气轮机技术不断发展,燃气轮机排气温度不断提高,对余热锅炉的护板提出了更高要求,材料上要考虑能够承受 610 ℃以上烟气的冲刷,结构设计上要考虑减少烟气泄漏。目前锅炉本体护板均采用带内保温的结构,主要由三层结构组成,最里面是耐热层,直接与高温烟气接触,材料为厚度 1.5~2 mm 的不锈钢板;中间是保温层,材料为硅酸铝耐火纤维板或者岩棉板;最外层是密封层,材料为厚 6 mm 左右的碳钢板。三层结构通过抓钉、螺栓连接固定,设计上要预留耐热层内衬板受热膨胀的空间,防止内衬板膨胀变形而使保温失效,这种结构的优点是散热少、热膨胀小、外形美观。典型的本体护板结构如图 2.5 所示。

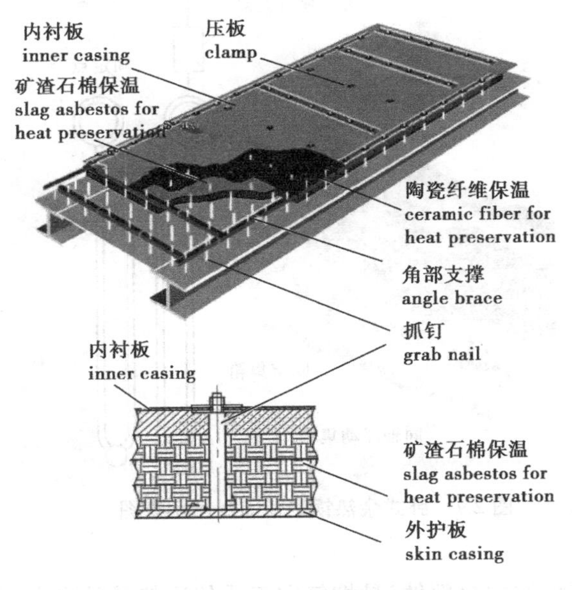

图 2.5　卧式余热锅炉本体护板图

(2) 本体支撑

本体支撑指余热锅炉受热面的支撑方式。对于 F 级卧式余热锅炉来说,通常单个受热面模块的长度至少大于 20 m,重量至少超过 100 t,运行时管内充满工质,鳍片管被工质加热后,长度还会增加,如果采用底部支撑,很容易出现模块变形,膨胀不畅等问题,因此采用受热面顶部悬吊支撑是理想选择。

卧式余热锅炉受热面顶部悬吊大致分为两种方式，一种是利用受热面顶部联箱上的吊耳与钢架顶部横梁相连，这种方式比较适合温度较低，膨胀较弱的受热面。典型的余热锅炉联箱悬吊结构如图 2.6 所示。

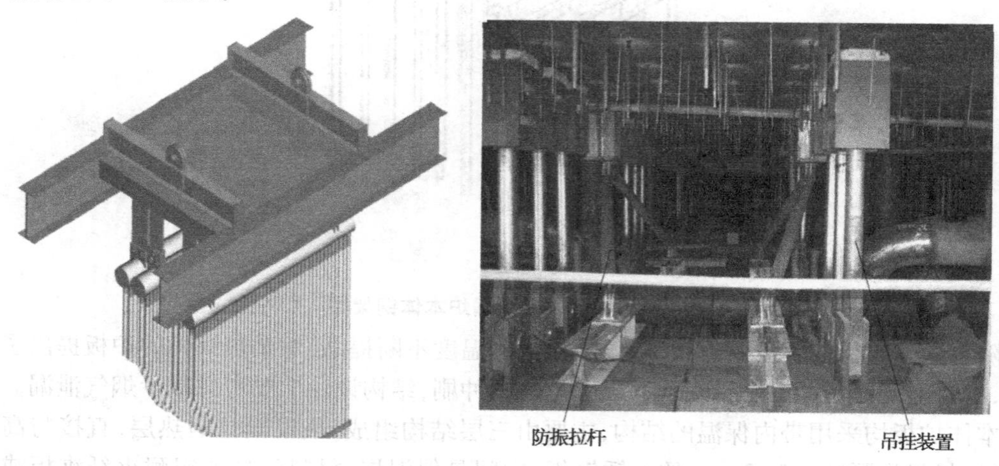

图 2.6　卧式余热锅炉联箱悬吊示意图

另一种方式是采用上升管直接悬吊，此悬吊方式适合布置在高烟温区域的受热面，对于膨胀量过大的受热面，还可以采用固定支撑与弹性支撑相结合的方式进行悬吊，如图 2.7 所示。

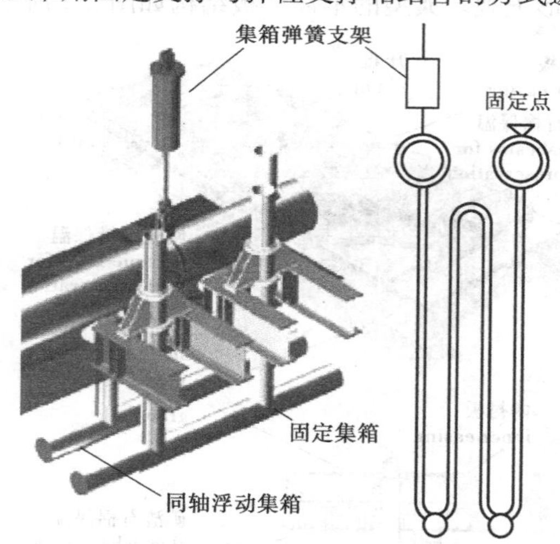

图 2.7　卧式余热锅炉管道悬吊示意图

(3)本体受热面

本体受热面是余热锅炉的主要部件，是烟气向工质传递热量的平台，其性能直接影响热量传递的能力，甚至影响到余热锅炉的安全运行。大型卧式余热锅炉受热面根据工质压力等级不同可分为高压、中压、低压三种受热面，而每种压力等级下又可以根据工质的状态及功能不同分为省煤器、蒸发器、过热器(中压部分含再热器)三类换热器，其中省煤器中工质为未饱和水，蒸发器中工质为汽水混合物，过热器中工质为过热蒸汽。工质依次流过三种换热器，变成过热蒸汽去蒸汽轮机冲动转子做功，完成受热面的功能。

余热锅炉虽然配置若干不同功能、不同压力等级的受热面（如F级余热锅炉配置的是高、中、低三个压力等级的省煤器、蒸发器、过热器），但受热面的基本组成和结构相同，均包含鳍片管、联箱及其他附件。设计制造具体受热面时需要考虑其所处炉膛位置、管内介质参数等因素。如再热器、高压过热器处在烟温最高的区域，需要采用耐高温、耐腐蚀的合金钢材质制造，其他受热面则采用价格较低的碳钢制造。又如低压系统工质比容大，为了减少其克服流动阻力的能量损失，低压受热面的管子直径会相对粗一些。图2.8所示为典型的受热面在锅炉制造厂组装后的照片（图为卧放的情况，到现场安装时竖立起来）。

图2.8　卧式余热锅炉受热面

鳍片管是余热锅炉内大量应用的一种换热管。在制造过程中，用一定厚度和一定宽度的薄钢带绕在光管外壁上，绕的型式采用螺旋线，薄钢带垂直于钢管外表面，开齿向外，以高频电流作热源，利用高频电流的集肤效应和电热效应，使钢带与管外壁紧密结合，保证较好的传热效果，鳍片管加工过程如图2.9所示。

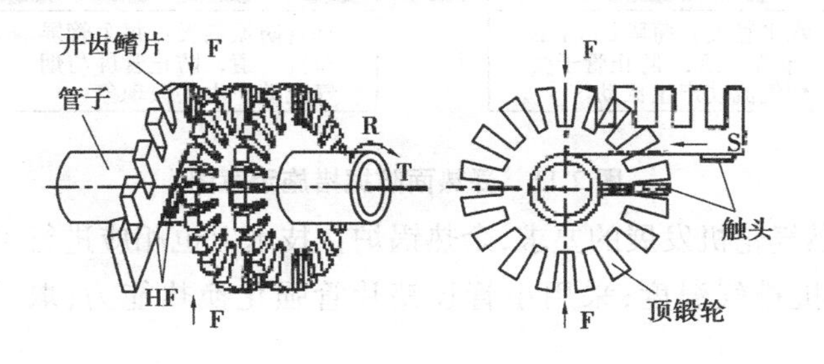

HF—高频焊电源；R—管子转动方向；S—鳍片送料方向；
F—挤压力；T—管子移动方向

图2.9　鳍片管加工示意图

在光管上绕制鳍片后，换热面积增加，烟气流动加强，极大提高了管子的吸热能力，减少了钢材的消耗。随着生产水平的提高，鳍片的制造水平也在不断提高，目前有制造厂推出了一种新型鳍片管，这种鳍片管的齿线不与管轴线垂直，而是偏转一定角度，称之为折齿型鳍片管，该类型的鳍片管换热效率比普通鳍片管高，如图 2.10 所示。

图 2.10　折齿鳍片管

多根鳍片管与联箱连接起来就构成了受热面的基本单元。在受热面的结构与布置方面，卧式与立式余热锅炉存在明显的区别，卧式余热锅炉受热面采用上下集箱形式，鳍片管垂直布置。以某一类型的高压蒸发器为例，工质从汽包引出，经过集中下降管同时进入水平并列布置的 5 个下部集箱，然后每个下集箱都分出 3 组鳍片管，向上流经烟气通道后进入各自对应的 5 个上部集箱，最后进入汽包。这种型式的特点是厚壁集箱多、弯头弯管很少。

由于鳍片管长，管子数量多，为防止管子弯曲变形、晃动，在受热面模块中，需要在结构上对鳍片管进行固定，如加装防震梁、防震隔板、管夹等附件。典型的受热面防振措施如图 2.11 所示。

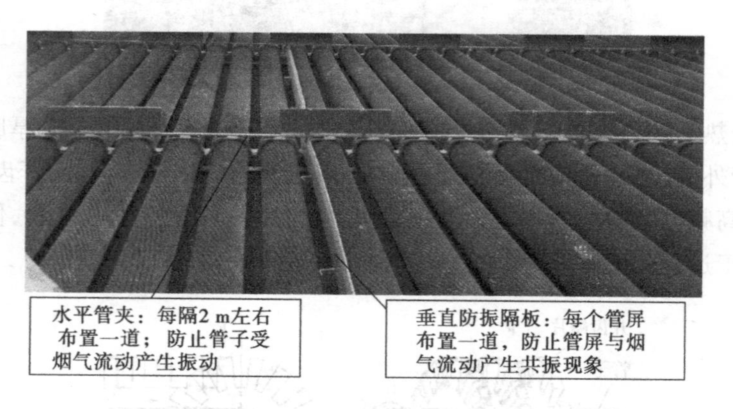
水平管夹：每隔2 m左右布置一道；防止管子受烟气流动产生振动
垂直防振隔板：每个管屏布置一道，防止管屏与烟气流动产生共振现象

图 2.11　受热面防振措施示意图

为了适应大型燃气轮机发展的要求，余热锅炉在技术上也相应进行了改进，如采用新材料适应更高的燃气轮机排气温度；采用小管径鳍片管强化换热能力；取消共用联箱减少热应力等。

大型余热锅炉采用模块化制造，有利于锅炉的制造和安装，不同的受热面根据热力计算的结果被整合在一个模块中，外形结构可视为一个整体，但是管内的工质却是分开的。为了更好吸收烟气的热量，部分受热面分成几段布置在不同的模块中，在汽水流程的表述中经常采用类似高压过热器 1、高压过热器 2、省煤器 1、省煤器 2 等术语来区分。典型 F 级卧式余热锅炉受热面规格见表 2.1。

表 2.1　典型 F 级卧式余热锅炉受热面规格表

顺　序		管径 Φ/mm	管排(横纵)	重量/t	管　材
模块 1	再热器 2	50.8	102×2	35	SA-213T91
	高压过热器 2	44.45	105×2		SA-213T91
模块 2	再热器 1	50.8	102×4	70	前两排 SA-213T91、后两排 SA-213T22
	高压过热器 1	44.45	108×4		SA-213T22
模块 3	高压蒸发器	50.8	108×16	145	SA-210C
模块 4	高压省煤器 2	44.45	123×7	130	SA-210C
	中压过热器/中压蒸发器	50.8	114×6/51×1		SA-210A1
	低压过热器 2	57.15	114×1		SA-210A1
模块 5	高压省煤器 1/中压省煤器	44.45	108×9/15×9	180	SA-210C/SA-210A1
	低压过热器 1	57.15	114×1		SA-210A1
	低压蒸发器	50.8	114×10		
模块 6	低压省煤器 2	44.45	123×12	137	SA-210A1
	低压省煤器 1	50.8	114×4		SA-210A1

2.1.3　出口烟道、挡板及主烟囱

余热锅炉出口烟道的作用是将换热后的烟气均匀导入烟囱排向大气。对卧式余热锅炉来说，出口烟道的前端是矩形截面，通过膨胀节与本体相连，后端与出口烟囱管壁焊接。主烟囱从下至上是等截面圆柱结构，直径、高度尺寸需要考虑烟气流速、阻力及环保等因素，烟囱底部与地面基础采用锚栓连接。图 2.12 为起吊中的余热锅炉出口烟道和出口烟囱。

图 2.12　余热锅炉出口烟道

余热锅炉烟囱内安装有电动烟囱挡板,能将余热锅炉与大气隔离,以便在停机期间尽可能长时间地保持余热锅炉的温度。同时烟囱挡板还具有防雨、防憋压的作用。烟囱隔离挡板结构如图 2.13 所示。

图 2.13　烟囱隔离挡板

2.1.4　卧式余热锅炉主要结构特点

为了很好地适应燃气轮机安装快、启动快、调峰快的特点,余热锅炉制造厂在锅炉结构上进行了精心设计,体现在锅炉的安装性能、可维修性、调峰适应性等方面。

(1)提高安装速度的模块化结构

大型卧式余热锅炉均采用模块化的安装方式,所谓模块化就是将锅炉部件尽量在制造厂拼装成一个整体,如图 2.5 护板结构以及图 2.8 受热面结构所示。制造车间良好的工作条件有利于确保出厂部件的质量,使得现场安装的工作量大大减少,安装的工期也得到了保障。卧式余热锅炉常用的安装方式有顶部吊装法和侧面吊装法,前者用得较多,一般安装工期约 6 个月。

除了常规的顶部吊装法之外,有锅炉制造厂设计了一种屏式滑装法,如图 2.14 所示。将受热面全部设计成可以分离的屏式结构,安装受热面时先在锅炉顶部安装滑轨,然后将单个受热面管屏吊入滑轨中再推入炉内,这种方法最大的优点是可以节省吊车的使用费。

图 2.14　屏式滑装法

(2)合理的检查检修空间

余热锅炉在长期运行过程中启停频繁,工况变化复杂。余热锅炉部件承受不断的热冲击、热腐蚀、热应力,容易出现故障。余热锅炉制造厂在鳍片管的选材、焊接工艺的选择、水压试验等方面进行严格的质量控制,同时还充分考虑了余热锅炉使用过程中的可维修性,推荐了指导性的检查检修方案。

余热锅炉内部布满受热面管道,但是每一级换热面之间均留有一定的空间;炉墙设计有检查人孔,方便工作人员进出;上下集箱与炉膛上下墙之间均留有检查空间,可以满足定期检查的需要。

(3)满足调峰及日启停需要的优化设计

每日启停的调峰运行方式下,确保余热锅炉高温部件长时间安全运行尤为重要。F 级燃气轮机排气温度高达 610 ℃,余热锅炉高温区域的受热面一般选用 T91、T22 等耐高温、高强度的材料。通过高性能金属材料的选择,可以减小管壁厚度,采用薄壁管来更好地适应快速启停及调峰运行的需要。

余热锅炉受热面采用顶部悬挂方式,有些热膨胀量大的模块还采用固定悬挂与弹簧悬吊相结合的方式,如图 2.6 及 2.7 所示。受热面的悬挂方式确保其可以自由膨胀收缩,不产生过大的应力,甚至出现碰挤变形的事故。高循环倍率设计确保锅炉在启停过程及负荷变动时有充足的水循环动力。炉墙采用冷护板设计,外部炉墙不吸热,无需考虑热膨胀的影响。

余热锅炉采用合适的汽包容积,以及省煤器防汽蚀和受热面全疏水的设计提高了其调峰适应性。

2.2　立式余热锅炉结构

立式余热锅炉采用垂直方向流动的烟气与水平布置的受热面进行热量交换的方式来产生过热蒸汽,其本体受热面按照压力等级从下到上依次排列,烟囱布置在最上面,烟囱较短,不需要单独支撑,如图 2.15 所示。

2.2.1　进口烟道

立式余热锅炉的烟气流向为垂直方向,燃气轮机排气进入水平烟道,然后由转角烟道改变流动方向,从图 2.15 中可看出烟道形状及烟气流向变化。相对于卧式余热锅炉,立式余热锅炉多了转角烟道,进口烟道形状较复杂,且转角烟道在机组工况变化时遭受较大热冲击和热应力,是故障的频发区。图 2.16 为典型的立式余热锅炉进口烟道。

为了吸收锅炉运行时所产生的向下及向前的双向位移量,防止锅炉膨胀时对燃气轮机运行产生影响,一般会在锅炉入口烟道前设置一套非金属柔性膨胀节。

2.2.2　本体部件

余热锅炉本体提供了烟气流动的通道以及安装本体受热面的空间,为了适应高温烟气流动对余热锅炉产生的热应力、热冲击,余热锅炉本体部件要根据燃气轮机排气温度的情况选择不同金属材料,并预留部件在工作时的膨胀空间。

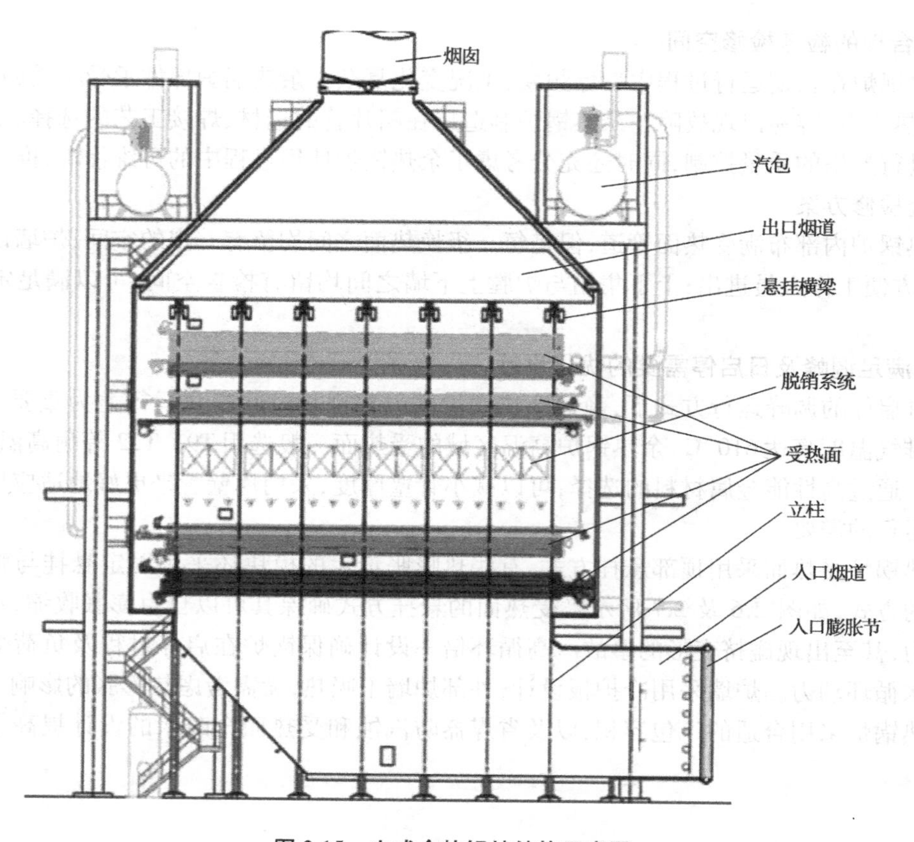

图 2.15　立式余热锅炉结构示意图

图 2.16　立式余热锅炉进口烟道

(1)本体构架

与卧式余热锅炉一样,立式余热锅炉的构架也包含钢架结构和护板,由不同规格的型钢和钢板通过焊接或者螺栓连接的方式组合而成。构架的主要作用是承受锅炉本体受热面、汽包、连接管以及锅炉本体结构构件等垂直载荷以及燃气轮机的排气压力和冲击力,另外还需达到抗烈度 8 级以上地震的能力。目前的锅炉设计中,本体构架采用典型冷框架设计,一般由内保温隔离,不受热,膨胀量小。余热锅炉的构架结构主要由立柱、护板、横梁组成,如图 2.17 所示。

图 2.17　立式余热锅炉构架图

余热锅炉的钢架是为了支撑在各种负荷条件下的余热锅炉载荷。立式余热锅炉钢架采用全钢、扭剪型高强螺栓连接结构，钢架由柱、梁、热梁、加固钢架及垂直支撑构成一个立体桁架体系。热梁与模块区的柱子用螺栓连接，以形成一个个“Π”形柱，热梁用于吊挂模块，受热面模块的载荷通过热梁传递到余热锅炉钢柱上。集箱区的钢柱用于集箱的固定和出口烟道、烟囱等的支撑。余热锅炉钢架除承受锅炉本体载荷外，还能承受锅炉范围内的各汽水管道，烟道、平台载荷等。立式余热锅炉钢架按抗 8 级地震进行设计，如图 2.18 所示。

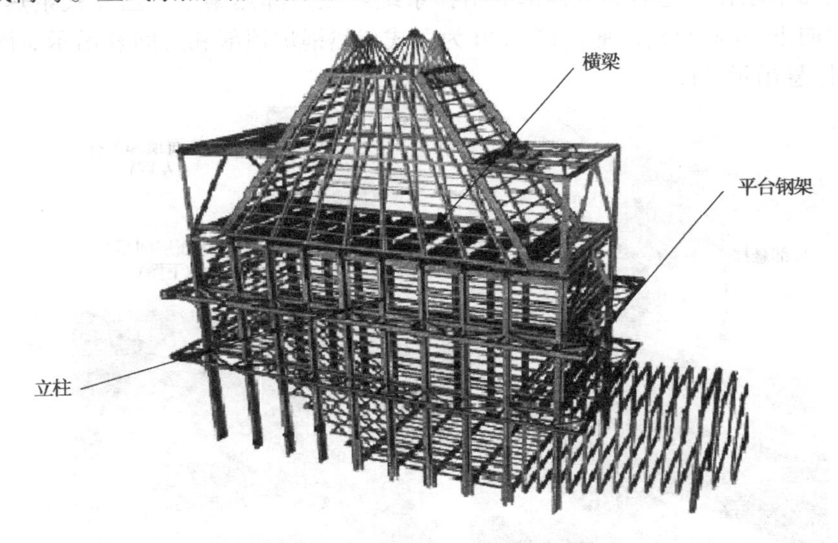

图 2.18　立式余热锅炉本体钢架图

随着燃气轮机技术的不断发展，燃气轮机排气温度不断升高，对余热锅炉的护板提出了更高要求，材料上要考虑能承受 610 ℃以上的高温，结构上要考虑防止烟气泄漏。目前立式余热锅炉护板也采用带内保温的结构，主要由三层结构组成，最里面是耐热层，直接与高温烟气接触，一般是很薄的耐热钢板；中间是保温层，材料为硅酸铝耐火纤维板或者岩棉板；最外面是密封层，也就是炉墙板。三层结构通过抓钉、螺栓连接固定，设计上要预留耐热层内衬板受热膨胀的空间，否则会损伤内衬板而使保温失效，这种结构的优点是散热少、热膨胀小、外形美观，也是典型的冷护板结构，如图 2.19 所示。

图 2.19　本体护板图

(2) 本体支撑

立式余热锅炉采用整体悬挂方式，上一级受热面的管板与下一级受热面的管板通过吊挂连接，所有受热面串联在一起后通过顶部的吊挂系统悬在顶部热梁上。当立式余热锅炉受热时，所有受热面向下、左右自由膨胀。图 2.20 为立式余热锅炉顶部和层间悬吊示意图，图 2.21 为立式锅炉整体悬吊示意图。

图 2.20　立式锅炉顶部和层间悬吊示意图

(3) 本体受热面

图 2.22 所示为典型的立式余热锅炉受热面在锅炉制造厂组装后的照片。

本体受热面是余热锅炉的主要部件，是烟气向工质传递热量的平台，其性能直接影响热量传递的能力，甚至影响到余热锅炉的安全运行。与卧式余热锅炉一样，大型立式余热锅炉受热

图 2.21　立式锅炉悬吊示意图

图 2.22　立式余热锅炉受热面模块图

面也根据工质压力等级不同可分为高压、中压、低压三种受热面，而每种压力等级下又可以根据工质的状态及功能不同分为省煤器、蒸发器、过热器（中压部分含再热器）三类换热器，其中省煤器中工质为未饱和水，蒸发器中工质为汽水混合物，过热器中工质为过热蒸汽。工质依次流过三种换热器，变成过热蒸汽去蒸汽轮机冲动转子做功，完成受热面的功能。

立式余热锅炉配置的不同功能、不同压力等级的受热面，其基本组成和结构是相同的，均包含鳍片管、联箱及其他附件。与卧式余热锅炉一样，设计制造具体受热面时也需要考虑其所处炉膛位置、管内介质参数等因素。如再热器、高压过热器处在烟温最高的区域，需要采用耐高温、耐腐蚀的合金钢材质制造，其他受热面则采用价格较低的碳钢制造。又如低压系统工质比容大，为了减少其克服流动阻力的能量损失，低压受热面的管子直径会相对粗一些。

立式余热锅炉受热面鳍片管结构和制造工艺与卧式锅炉相同，管排固定及防震工艺也基本相同，但其受热面采用进出口集箱形式，鳍片管水平布置。以管排较多的蒸发器为例，工质从汽包引出，经过集中下降管进入一个入口集箱，然后从入口集箱分出4根鳍片管，水平来回两次流经烟气通道，汇入出口集箱，最后进入汽包。这种型式的特点是：集箱少而厚，弯头弯管多。

为了适应大型燃气轮机发展的要求，立式余热锅炉在技术上也相应进行了改进，如采用新材料适应更高的燃气轮机排气温度；采用小管径鳍片管强化换热能力；取消共用联箱减少热应力等。

立式余热锅炉也采用模块化制造，有利于锅炉的制造和安装，不同的受热面根据热力计算的结果被整合在一个模块中，外形结构可视为一个整体，但是管内的工质却是分开的。为了更好地吸收烟气的热量，部分受热面分成几段布置在不同的模块中，在汽水流程的表述中经常采用类似高压过热器 1、高压过热器 2、省煤器 1、省煤器 2 等术语来区分。典型的 F 级立式余热锅炉受热面规格见表 2.2。

表 2.2　典型 F 级立式余热锅炉受热面规格表

顺　序		管径 Φ/mm	管排(横纵)	管　材	重量/t
模块 1	再热器 2	44.5×2.9	99×4	SA-213T91	72.9
	高压过热器 2	38×2.9	99×4	SA-213T91	53.8
	再热器 1	44.5×2.9	99×4	SA-213T22	59.8
	高压过热器 1	38×2.9	99×4	SA-213T22	58.1
模块 2	高压蒸发器	38×2.6	99×14	SA210 A	237.9
	高压省煤器 2	38×3.7	99×8	SA210 A	143.4
	中压过热器	38×2.6	99×1	SA210 A	12.7
模块 3	中压蒸发器	38×2.6	99×8	SA210 A	116.2
	低压过热器	51×2.6	99×1	SA210 A	24
	高压省煤器 1/中压省煤器	38×3.7	88×10 11×10	SA210 A	201
模块 4	低压蒸发器	38×2.6	99×10	SA210 A	136.2
	低压省煤器	44.5×2.6	99×17	SA210 A	265.2

2.2.3　出口烟道、挡板及主烟囱

立式余热锅炉出口烟道和主烟囱的结构与卧式余热锅炉有所不同。由于烟气向上流动，直接在炉顶通过天圆地方接头将烟气导入主烟囱，主烟囱的长度大大减少。图 2.23 为立式余热锅炉出口烟道；图 2.24 为锅炉出口烟囱挡板。

图 2.23　立式余热锅炉出口烟道

图 2.24　锅炉出口烟囱挡板

2.2.4　立式余热锅炉主要结构特点

为了很好地适应燃气轮机安装快、启动快、调峰快的特点，立式余热锅炉制造厂结合受热面布置特点，在锅炉的安装性能、可维修性、调峰适应性等方面进行了创新和改进。

(1)循环方式的优化

卧式余热锅炉采用自然循环方式，其垂直布置的受热面为工质的自然循环提供了条件，循环动力来源于下降管内的纯水与上升管内汽水混合物两者之间的密度差。早期的立式余热锅炉则采用强制循环方式，因水平布置的受热面使工质流动的阻力增加，水循环不畅，需要通过附加外部动力实现工质的正常流动。采用强制循环的余热锅炉既增加了设备投资和运行费用，也增加了余热锅炉的故障率。在实际运行中，强制循环泵故障易导致余热锅炉停运。为了解决立式余热锅炉采用强制循环泵带来的问题，立式余热锅炉已从采用强制循环方式逐步演变为自然循环方式，其演化发展主要经历了三个阶段，如图 2.25 所示。

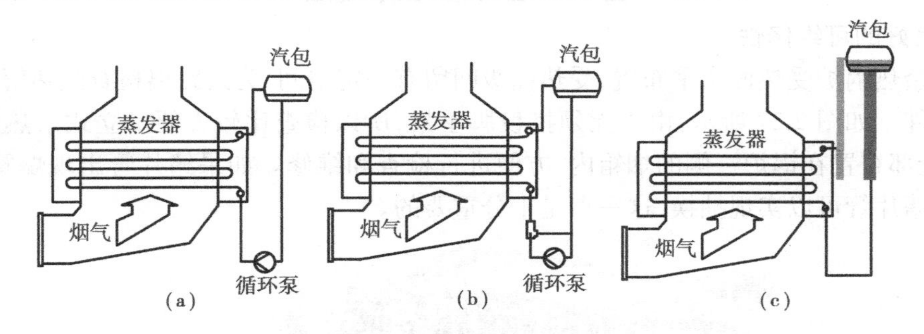

图 2.25　强制-自然循环演化图

第一阶段是余热锅炉安装有强制循环泵，如图 2.25(a)所示，通过强制循环泵帮助工质形成循环动力，使汽水混合物流入汽包从而产生饱和蒸汽。这种方式的缺点是：随着锅炉蒸汽参数水平的不断提高，其饱和温度也随之提高，系统中强制循环泵的运行环境愈加恶化，故障率急剧上升影响余热锅炉可靠性；另一方面增加了厂用电消耗。

第二阶段是设有循环泵和喷射器，如图 2.25(b)所示，在低负荷时投入循环泵帮助建立循环动力，高负荷时退出循环泵依靠汽水密度差和喷射器建立循环动力，由于喷射器并非旋转设备，而是利用工质本身的能量转换从而获得动力，因此故障率大为下降。

第三阶段是完全自然循环方式，如图 2.25(c)所示，汽包与蒸发器之间没有循环泵和喷射器，通过提高汽包安装高度产生更大的循环动力，汽包安装位置越高，循环动力越大。除了提高汽包安装高度外，另外在结构设计上采取减小受热面内汽水流动阻力的措施，如减少工质在受热面内的流程数量、上升管子采用大管径等。也可以在上升管联箱处用辅助蒸汽加热，提前预热上升管，可较快建立热循环动力。

通过循环方式的改进，取消了强制循环方式下必须配置的高参数循环泵，节省了厂用电，提高了系统可靠性。

(2)独特的安装方式

立式余热锅炉也可以实现模块化的安装方式，其模块化的结构见图2.19及图2.22。在安装方式上与卧式锅炉最大的区别是受热面模块无需吊车，通过临时安装在炉顶的液压装置将受热面提升至安装位置，如图2.26所示。采用这种方式，整台锅炉受热面的吊装工作可以在1~2周内完成。

图2.26　立式锅炉安装示意图

(3)良好的可维修性

立式余热锅炉受热面水平布置，受热面级间留有一定空间，为近距离检查受热管运行状况提供了条件。如图2.27所示，由于无须搭设脚手架，所以检查比较方便。立式余热锅炉联箱数量少，全部布置在锅炉一侧的烟箱内，方便进行检查和维修。如果鳍片管出现爆管故障，水平布置的鳍片管可以实现抽换，这一点是十分重要的。

图2.27　立式锅炉检查示意图

(4)良好的日启停和调峰能力

立式余热锅炉受热面的整体悬挂方式适合机组频繁启停或者变负荷运行，由于鳍片管水平布置且两端主要靠U型管连接,使得其各个方向的膨胀几乎没有阻拦,且对联箱及相邻管子无任何影响,如图2.28所示。

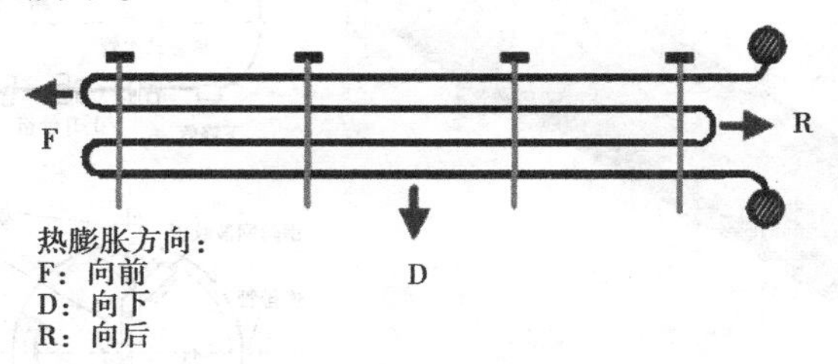

图2.28 立式锅炉鳍片管膨胀示意图

立式余热锅炉疏水具有一定的优势,其一源于其受热面的高位布置,F级立式余热锅炉最下层受热面疏水点离地面的高度超过9 m,疏水依靠重力也能排入疏水扩容箱;其二是立式余热锅炉在启停过程和变负荷的过程中,当受热面产生冷凝水时,向前流动的蒸汽带着疏水一起进入出口联箱,最终被及时排放。

立式余热锅炉在其他结构方面,如受热面材料,汽包容积等,也针对余热锅炉的特殊运行方式进行了优化改进。

2.3 锅炉本体附件

本节简要介绍余热锅炉本体附件,包括汽包、锅炉安全阀等设备。给水泵、阀门等其他重要设备见汽水系统、辅助系统或教材附件等相关章节。

2.3.1 汽包及其附件

汽包作为余热锅炉最重要的辅助设备,接受省煤器来的给水,并向过热器输送饱和蒸汽,成为加热、蒸发、过热三个过程的连接点,其作用如下:

1)汽包储存有一定的汽量、水量,因此汽包具有一定的储热能力。在运行工况变化时,可以减缓蒸汽压力变化的速度,对锅炉运行调节有利。

2)汽包内设置各种装置,能进行汽水分离,清洗蒸汽中的溶盐,通过加药和排污,改善蒸汽品质。

汽包本体是一个圆筒形的钢质受压容器,由筒身和两端的封头组成。筒身由钢板卷制焊接而成,凸形封头用钢板冲压而成,然后两者焊接成一体。封头上开有入孔,以便安装和检修,同时起通风作用。入孔盖一般由汽包里面向外关紧,封头为了保证其强度,常制成椭球形的结构,或制成半球形的结构。汽包通常搁置在锅炉顶部框架上,采用一侧固定,另外一侧可以滑动的支撑形式,便于汽包受热后自由膨胀。

汽包壳体上设置管座,用于连接各种管道,如给水管、下降管、汽水混合物引入管、蒸汽引出管、连续排污管、事故放水管、加药管、连接仪表和自动装置的管道等,如图2.29所示。

汽包内部布置了汽水分离装置、蒸汽清洗装置及取样取水装置等。从省煤器出来的欠饱和水进入汽包和汽包内部的饱和水混合后通过下降管进入蒸发器加热成为汽水混合物,汽水混合物进入汽包后首先进行一次粗分离,在此过程中,大部分的饱和水将被分离出来,饱和蒸

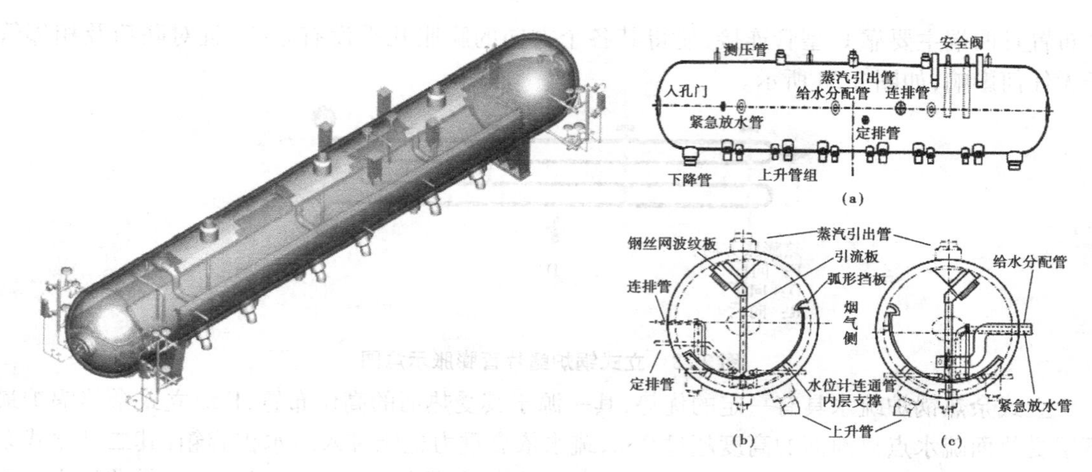

图 2.29 典型汽包示意图

汽和未被分离的饱和水一起向上流动进入二次细分离设备中,饱和蒸汽与饱和水将被彻底分离,饱和蒸汽继续向上流动,经过一道蒸汽清洗过程后,从饱和蒸汽引出管流出。

余热锅炉采用的汽水分离装置主要有旋风式分离器、波形板分离器、涡轮式分离器等。汽水分离的原理有以下几种:利用汽和水在旋转时受到的离心力不同实现分离;利用汽和水在向上流动时受到的重力不同实现分离;利用汽和水在改变流动方向时受到的惯性力不同实现分离;利用汽和水在沿金属壁流动时产生的附着力不同而实现分离。常用的旋风式分离器利用离心力分离法,波形板分离器利用附着力分离法,如图 2.30 所示。

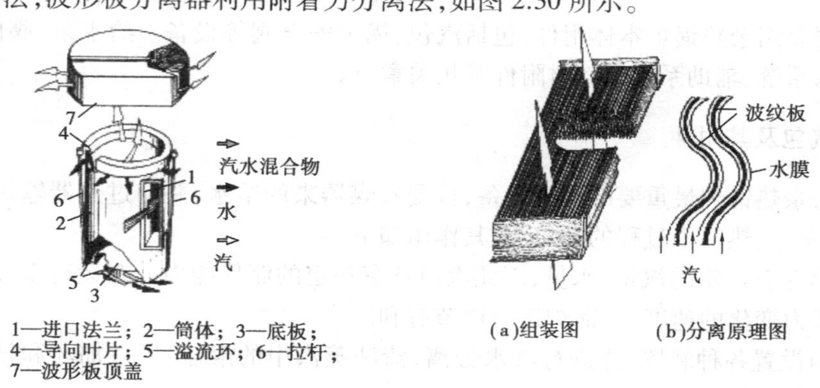

图 2.30 旋风分离器与波形板分离器示意图

汽包水位计是水位控制和监视的核心部件。汽包水位计一般可分为就地水位计和远传水位计两类,就地水位计用于水位的直接监视,与远传水位计进行水位核对,确保水位控制和监视准确可靠。当远传水位计发生故障时,就地水位计就可以作为应急操作的依据。远传水位计的主要作用是汽包水位控制的远方集中监控,并协助实现汽包水位自动化、程序化控制。

就地水位计利用连通管原理,在现场直接显示汽包水位。常见的就地水位计有云母双色水位计、磁翻板水位计等。云母水位计与磁翻板水位计组成和结构如图 2.31 所示。

云母双色水位计利用光线折射的原理,通过合理布置两种颜色光源的位置,使测量筒中有水的部分呈现绿色,无水的部分呈现红色。当汽包内的水位发生变化时,红绿分界线也随之变化,值班人员可清晰观察水位变化情况。

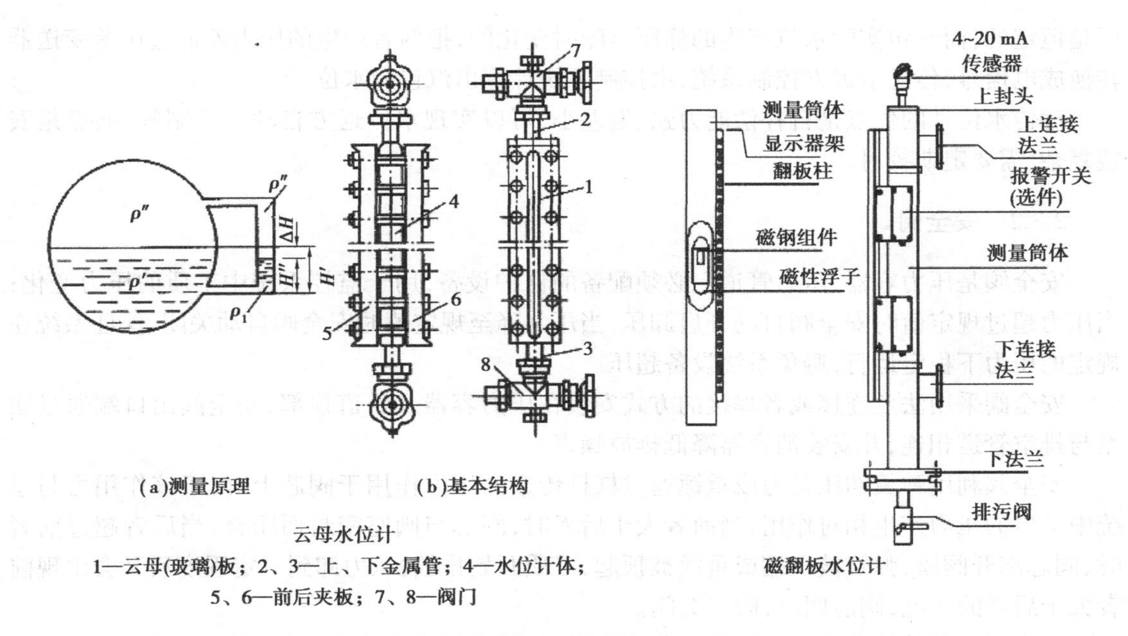

图 2.31　云母水位计与磁翻板水位计示意图

磁翻板水位计利用浮力与磁力作用的原理,当水位计筒体中的水位变化时,放置在里面的磁浮子随之变化,驱动外面的磁柱或者磁板翻转显示水位。

就地水位计具有安装简单、显示直观等优点,但由于测量筒内的水和汽包中的水存在密度差,就地水位计显示值稍低于水位真实值。就地水位计不能参与水位自动控制,需要定期冲洗,维护量大。

远传水位计利用连通管与信号转换原理,将汽包内的水位变化转换成电信号的变化送到控制室进行监视和控制。常见的远传水位计有电接点水位计、差压式水位计等,如图 2.32 所示。

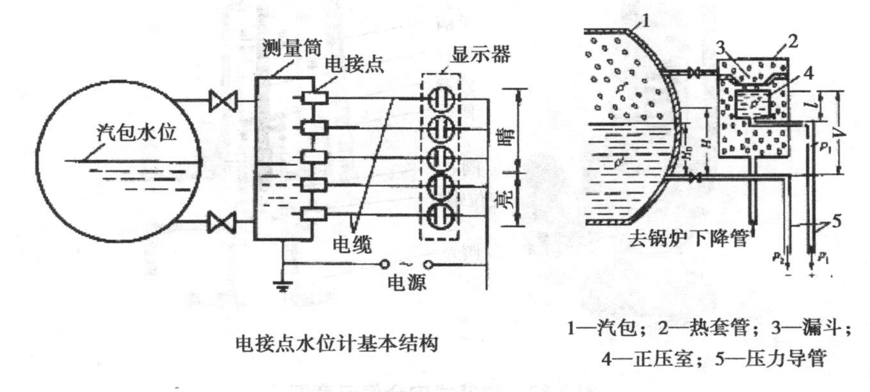

图 2.32　电接点水位计与差压式水位计示意图

电接点水位计利用汽包内汽、水介质的电阻率相差大的性质来测量汽包水位。如图 2.32 所示,由测量筒、电极、电极连接电缆、电极控制器等组成。在竖直方向顺序排列若干电极,水位升降会使电级间导通或断开,从而显示水位。

差压式水位计将汽包的实际水位与预先设定好的参考水位进行对比,参考水位产生的静压是恒定的,而汽包实际水位产生的静压是随时变化的,把两者产生的压力差通过压差变送器转换成电信号,传送给远方控制系统,由控制系统计算出汽包的水位。

远传水位计的优点是自补偿能力强、偏差小、可以实现水位远方自动化控制等,缺点是安装复杂、需要定期校对。

2.3.2 安全阀

安全阀是压力容器、压力管道上必须配备的保护设备,用于监控系统中工质的压力变化;当压力超过规定值时安全阀自动开启卸压,当压力降至规定值时安全阀自动关闭,保证系统在规定的压力下稳定运行,避免系统设备超压。

安全阀采用法兰连接或者焊接的方式安装在压力容器及管道顶部,安全阀出口端通过法兰与排空管道相连,并安装消音器降低排放噪声。

安全阀利用弹簧的压紧力或重锤通过杠杆传递的压力作用于阀芯上,由于该作用力与系统中工质的压力产生相对作用,当前者大于后者时,阀芯与阀座密封面闭合;当后者超过前者时,阀芯离开阀座,弹簧被压缩或重锤被顶起,工质开始排放;压力卸到一定程度后又会出现前者大于后者的情况,阀芯回座,阀门关闭。

安全阀根据其结构特点大致可以分为三类,杠杆重锤式安全阀、弹簧式安全阀、先导式安全阀;重锤式安全阀目前较少使用,本节不作介绍。

(1)弹簧式安全阀

弹簧式安全阀通过弹簧的压紧力控制阀芯的启闭。主要组件有阀体、阀芯、阀座、弹簧与上下弹簧座、调节圈、反冲盘等,如图 2.33 所示。

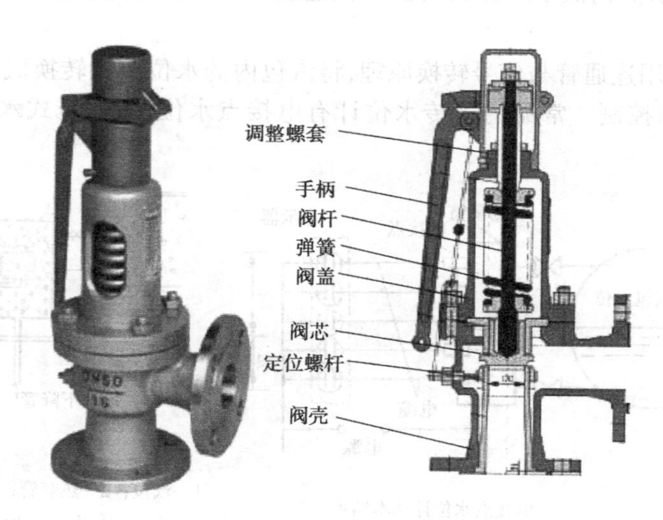

图 2.33 弹簧式安全阀示意图

弹簧式安全阀的优点是结构紧凑,体积小,重量轻,启闭动作可靠,对振动不敏感等;其缺点是作用在阀芯上的载荷随开启高度变化,对弹簧的性能要求高,制造困难。

(2)先导式安全阀

先导式安全阀由主阀、副阀组成。当阀门处于关闭状态时,主阀芯上下腔室均与工质相通,上下两侧承受的工质压力相同,借助弹簧的作用,主阀芯落在阀座上起密封作用;当系统压力超限时，副阀阀芯首先动作，切断通往主阀芯上部腔室的工质通道，同时将原先在主阀芯上部腔室的工质排放，使主阀芯在工质压力作用下迅速打开排放压力；随着压力下降，副阀阀芯动作，往主阀芯上部腔室的工质通道被打通，工质压力与弹簧压力共同作用将主阀芯关闭，如图 2.34 所示。

先导式安全阀结构比较复杂，一般用于大口径和高压的系统中。

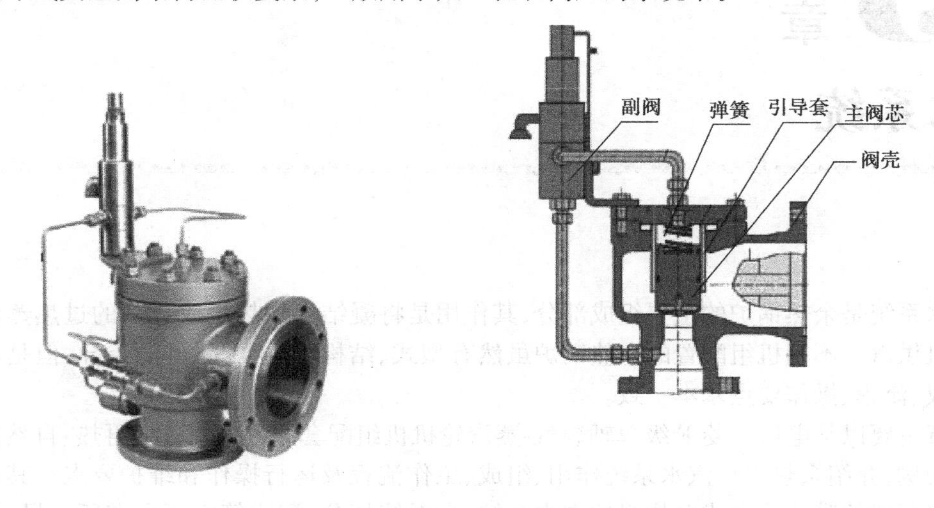

图 2.34　先导式安全阀示意图

复习思考题

1.余热锅炉进口烟道处设置非金属膨胀节的作用是什么？
2.余热锅炉采用冷护板结构的目的是什么？
3.大型余热锅炉的受热面为什么采用顶部悬挂方式？
4.卧式与立式锅炉受热面的结构有什么不同？各有什么特点？
5.汽水分离的目的是什么？试分析汽水分离效果不佳的原因。
6.差压式水位计的测量原理是什么？试分析汽包水位显示偏高的原因。

第3章 汽水系统

汽水系统是余热锅炉的主要组成部分，其作用是将凝结水加热生成合格的过热蒸汽并向蒸汽轮机供汽。不同机组配置的余热锅炉虽然有型式、结构、系统配置上的差异，但是汽水系统的组成、流程、操作要点基本一致。

本章主要以某电厂三菱F级单轴燃气-蒸汽轮机机组配套的卧式、三压、再热、自然循环余热锅炉为例，介绍余热锅炉汽水系统作用、组成、工作流程及运行操作和维护要点。其他不同机型机组配置的卧式或立式余热锅炉汽水系统，在系统划分、配置等方面会有所差异，读者可依本章阐述的内容举一反三。

3.1 给水系统

给水系统在启停机和日常运行时向高、中、低压汽水系统提供连续用水和过热、再热蒸汽减温用水。F级燃气-蒸汽联合循环机组三压再热自然循环余热锅炉给水系统，因给水泵配置不同，给水系统流程不同。在三个压力等级的给水系统中，目前低压给水泵的功能由凝结水泵承担，而高、中压给水泵的配置有两种方式，即高、中压给水泵分泵配置方式与高中压给水泵合泵配置方式。高、中压给水泵分泵配置的系统，给水控制相对简单，但系统复杂；高中压给水泵合泵配置则系统简单，但给水控制相对复杂。高压给水泵驱动方式可以采用电机驱动、小型蒸汽轮机驱动或内燃机驱动，但后两者较少应用。调速方式可采用液力耦合器调速或变频器调速。

本节介绍高、中压给水泵分泵配置方式下，高压给水泵采用液力耦合器调速的给水系统的组成、流程及其运行操作与维护，同时对高中压给水泵合泵配置方式的给水系统进行简单介绍，供读者参考。

3.1.1 给水系统的组成及流程

目前国内F级余热锅炉给水除氧方式大多采用凝汽器真空除氧，不另设除氧水箱，低压汽包作为高、中汽水系统的给水箱，凝结水泵作为低压汽包的给水泵。从凝结水泵来的给水进入低压汽包，作为高、中压汽水系统的给水。

给水系统主要由低压汽包、两台高压给水泵、两台中压给水泵、两台低压再循环泵、给水加热器以及相关的阀门和管道组成。

来自凝汽器的凝结水经过凝结水泵加压和轴封加热器加热，通过低压给水调节阀调节流量；然后给水被送到低压省煤器1和低压省煤器2内加热，经过初步加热的给水进入低压汽包。高、中压给水泵从低压汽包取水，将给水加压后分别向锅炉高、中压汽包连续供水。高压给水泵还提供锅炉高压过热器减温用水；中压给水泵提供再热器及蒸汽轮机高压旁路减温用水。低压给水调节阀为三通阀，一路给水送到低压省煤器1入口，另一路给水送到低压省煤器2入口；低压省煤器1设置再循环回路，低压省煤器1出口给水经低压再循环泵循环后送到低压省煤器1入口。给水系统流程如图3.1所示。

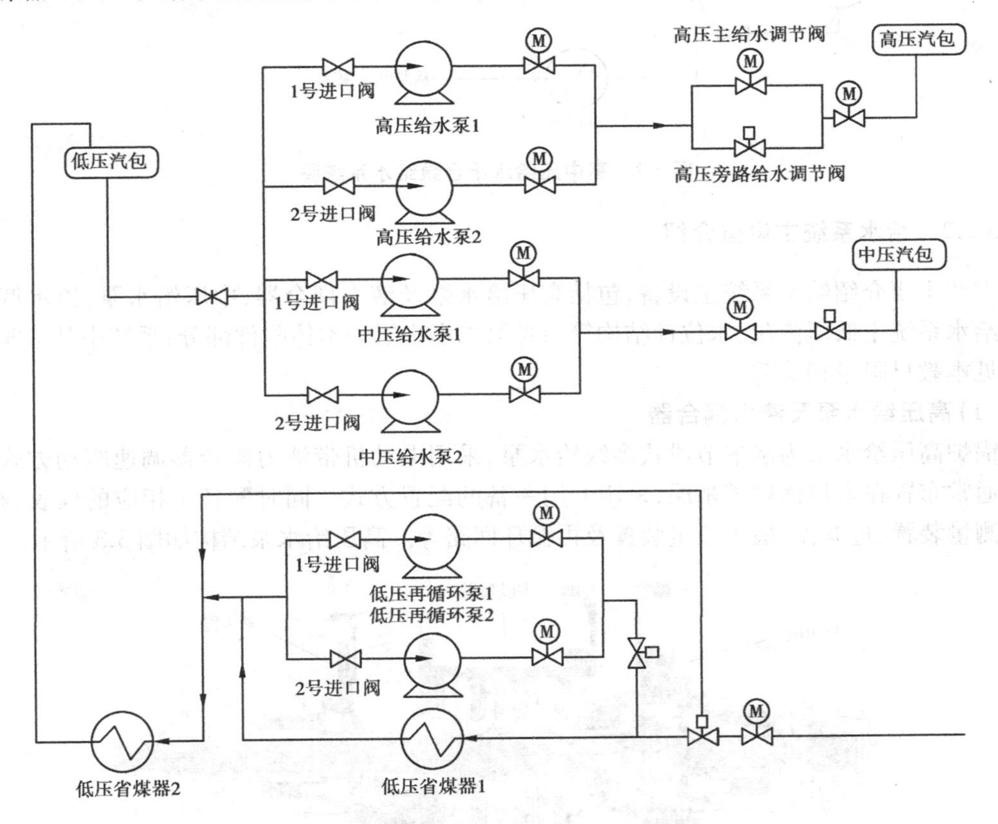

图3.1　高中压给水泵分泵给水系统图

目前给水系统配置主要有两种方式，一是采用高、中压给水泵分泵的布置方式，如图3.1所示。二是采用高中压合泵的布置方式，高压给水泵中间抽头作为中压汽水系统给水，如图3.2所示。

当采用高、中压给水泵合泵布置时，高、中压汽包水位控制有一定难度。当高压汽包水位突升时，给水控制系统会将高压给水调节阀关小或者降低给水泵转速，中压给水流量也会发生变化。反之中压给水的扰动也会影响高压部分。当采用高、中压给水泵分泵配置时，高、中压给水控制系统相对独立，高压给水泵只供水给高压汽水系统；中压给水泵只供水给中压汽水系统，高、中压给水系统的控制相对简单，且选型时高压给水泵和中压给水泵的容量及压力容易确定。

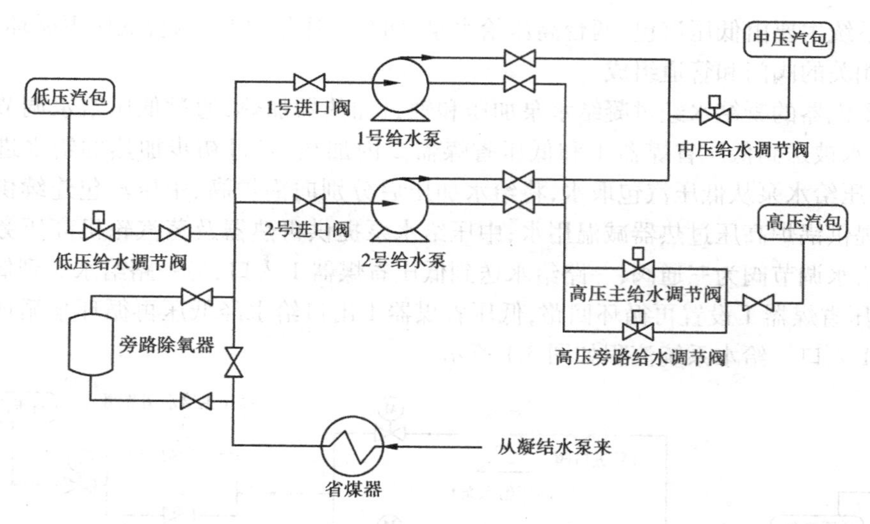

图 3.2　高中压给水泵合泵给水系统图

3.1.2　给水系统主设备介绍

本节主要介绍给水系统主设备,包括高压给水泵及液力耦合器,中压给水泵,给水调节阀等。给水系统中低压汽包、水位计结构等参见第二章中锅炉本体附件部分;系统中其他阀门结构参见本教材附录相关部分。

(1)高压给水泵及液力耦合器

锅炉高压给水泵为水平节段式多级给水泵,采用电动机带液力耦合器调速驱动方式。给水泵通常布置在余热锅炉零米层,采用一用一备的配置方式。同时配备了相应的仪表、阀门、流量测量装置、过滤器、最小流量装置及再循环回路等。高压给水泵结构如图 3.3 所示。

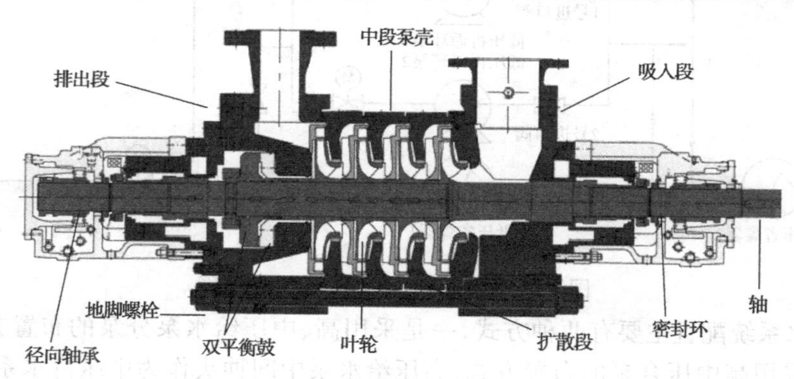

图 3.3　高压给水泵结构图

节段式高压给水泵分为吸入段、中段泵壳加压段、排出段三部分。工质依次流过每级叶轮,级数越高,扬程越高,泵的出口压力越大。叶轮的主要作用是将电动机输入的机械能传递给工质,提高工质压力。

节段式泵的节段之间用长螺栓连接。在泵的转轴与泵壳之间有间隙,为防止泵内工质流出,或防止空气漏入泵内,需要进行密封,目前采用的轴端密封方式有填料密封、机械密封、迷宫式密封等。高压给水泵由于进出口压差大,轴向推力大,必须配备水力平衡装置来平衡轴向推力。水力平衡装置采用平衡盘加启停装置结构，平衡盘泄水接至给水泵入口。推力轴承在稳态和暂态情况下（包括泵启动和停止时）均能维持纵向对中和可靠的平衡轴向推力。

液力耦合器是以液体为工作介质的一种非刚性联轴器，又被称为液力联轴器。液力耦合器由涡轮、泵轮、勺管、转动外壳等组成，如图3.4所示。

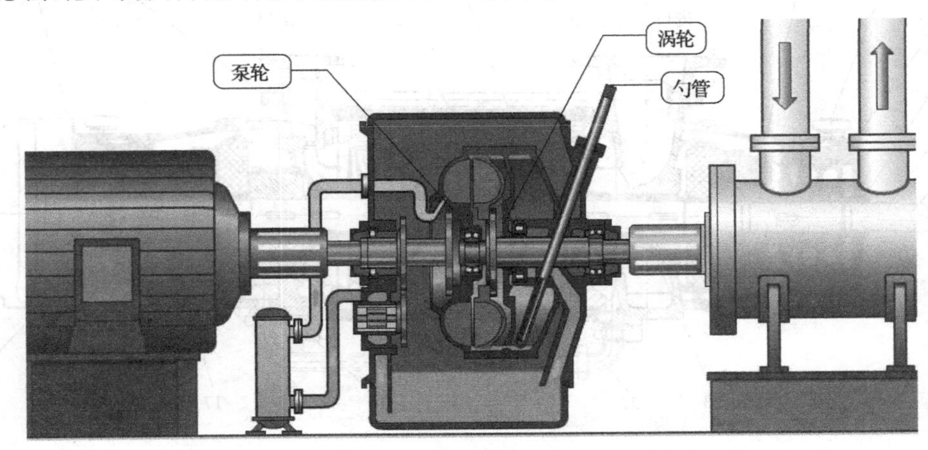

图3.4 液力耦合器结构图

泵轮和涡轮对称布置，中间保持一定间隙，轮内有几十片径向辐射的叶片，运转时在耦合器中充油。当输入轴带动泵轮旋转时，进入泵轮的油在叶片带动下，因离心力作用由泵轮内侧流向外缘，形成高压高速流冲向涡轮叶片，使涡轮跟随泵轮作同向旋转，油在涡轮中由外缘流向内侧被迫减压减速，然后流入泵轮。在这种循环中，泵轮将原动机的机械能转变成油的动能和势能，而涡轮则将油的动能和势能又转变成输出轴的机械能，从而实现能量的柔性传递。

转动外壳与泵轮相连，转动外壳腔内放置一根可径向位移的勺管，运转时，腔内的油随转动外壳一起与泵轮相同的转速旋转，以圆周速度旋转的油环碰到固定不转（只能移动）的导流管头端的孔口，动能转换成位能，油环的油自导流管流出，耦合器中的补充油量只能与导流管孔口相齐平，改变导流管的位置，能改变耦合器中的充油度，可以在原动机转速不变的条件下实现工作机的无级调速。

在调速过程中，液力耦合器的原传动机转速没有发生变化，假设负载的转矩不变，原传动机的机械功率也不变，则输入与输出功率的差值被液力耦合器以热能的形式消耗掉。这部分损失的热能由工作油冷油器吸收。因此液力耦合器调速实际上存在着很大的功率损失。液力耦合器调速的特点是：能消除冲击和振动；输出转速低于输入转速，两轴的转速差随载荷的增大而增加，过载保护性能和启动性能好。载荷过大而停转时输入轴仍可转动，不致造成电动机的损坏。

高压给水调节阀布置在高压省煤器1之前。高压给水泵配套液力耦合器时，锅炉高压给水调节可以通过给水调节阀实现0%~40%的流量调节，当给水流量持续加大时，可以通过液力耦合器勺管实现30%~100%的流量调节。

目前，高压给水泵也可采用启动变频器调速，由于变频调速具有更好的节能效果和调峰适应性，变频调速方式将更多应用于新机组。

(2)中压给水泵

锅炉中压给水系统配备两台100%容量的中压给水泵，中压给水泵为卧式多级离心泵，布置于锅炉零米层，采用一用一备配备方式。中压给水泵为定速泵，采用平衡鼓平衡轴向推力设计。同时配置了相应的阀门、仪表、流量测量装置、过滤器、最小流量装置及再循环管路等。典型中压给水泵的结构如图 3.5 所示。

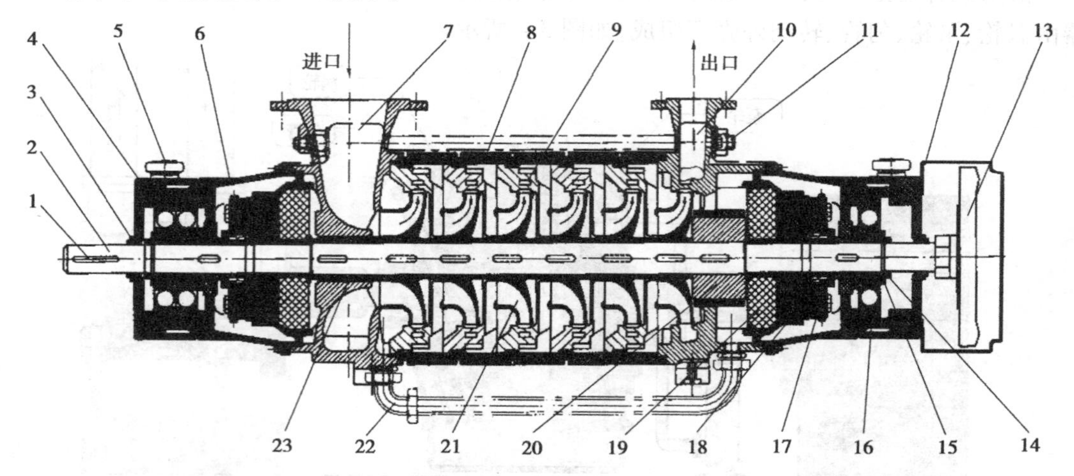

1—键；2—轴；3—油封；4—端盖；5—堵头；6—轴承座；7—吸入端；8—二级壳体；9—导叶；10—排出段；11—拉杆；12—风扇罩；13—风扇；14—圆螺母；15—紧定套；16—轴承；17—机械密封；18—轴承座；19—隔热盘；20—平衡盘，21—叶轮；22—平衡管

图 3.5　中压给水泵结构图

中压给水调节和控制由中压给水调节阀实现，中压给水设有主路 0%～100%的流量调节，并设有 50%的手动旁路调节。中压给水调节阀布置在中压省煤器之后，再热减温水从中压省煤器前引出至再热蒸汽减温器。

(3)给水调节阀

给水调节阀接受控制系统来的指令，改变阀门阀芯与阀座间的流通面积，调节给水流量。给水调节阀由执行机构和阀体两大部分组成。常见的阀门执行机构有气动、电动、液压执行机构。F 级余热锅炉给水调节阀一般采用液压和气动执行机构。常见的阀体有直通单座阀、直通双座阀、套筒阀。

1)常见执行机构介绍

①气动执行机构

气动执行机构以压缩空气为动力源，以汽缸为执行器，并借助阀门定位器、转换器、电磁阀、限位阀等附件驱动阀门，实现阀门位置调节。给水气动调节阀的特点是控制简单，反应快速，安全可靠。

气动执行机构分气开型和气关型两种。图 3.6 所示为气开型调节阀，当膜头上空气压力增加时，阀门向开启方向动作，当达到输入气压上限时，阀门处于全开状态。反过来，当空气压力减小时，阀门向关闭方向动作，在没有输入空气时，阀门全闭。故气开型阀门又称故障关闭型阀门。图 3.7 所示气关型调节阀动作过程正好与气开型相反。当空气压力增加时，阀门向关闭方向动作；当空气压力减小或没有时，阀门向开启方向动作或全开。故气关型阀门又称为故障开启型阀门。

气动执行机构气开或气关，通常是通过执行机构的正反作用和阀体结构的不同组装方式

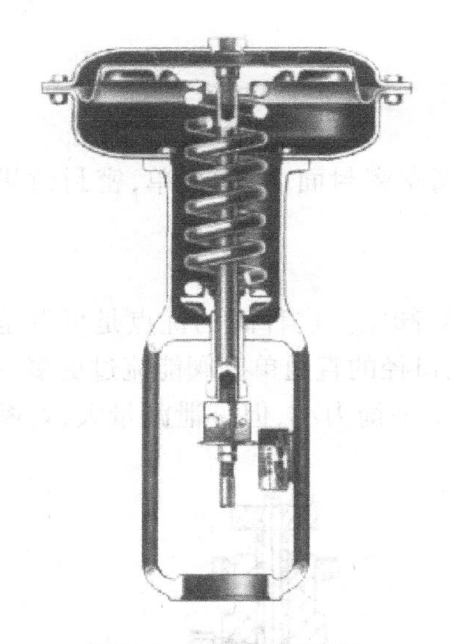

图 3.6 气开型调节阀

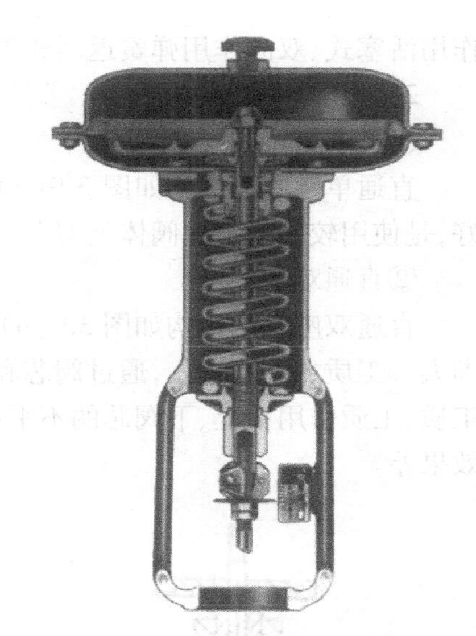

图 3.7 气关型调节阀

实现的。气开气关的选择根据工艺安全角度来考虑。

②电动执行机构

如图 3.8 所示的电动执行机构一般由电动机、减速箱、手操机构、机械位置指示机构等部件组成，电动驱动装置具有动力源广泛、操作迅速、方便等优点，并且容易满足各种控制要求。典型的电动执行机构如图 3.8 所示。

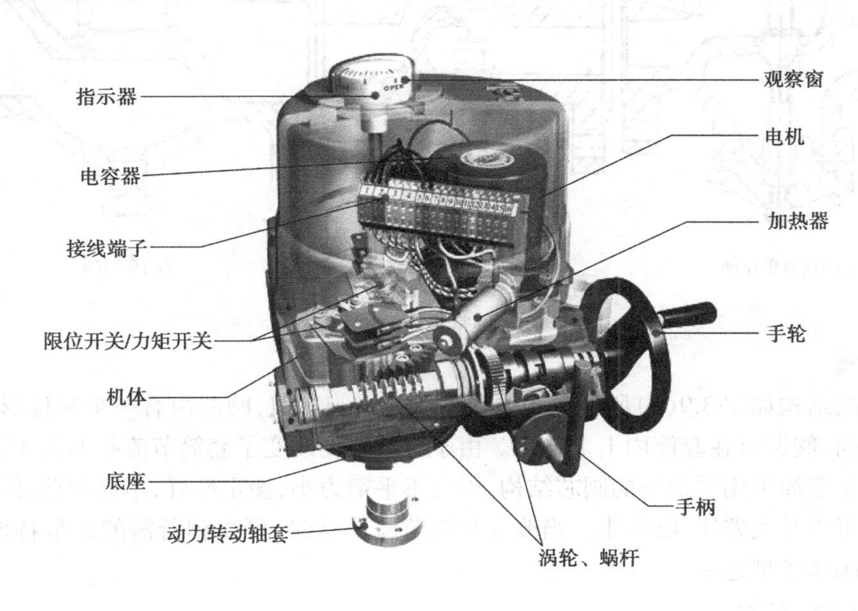

图 3.8 典型电动执行机构结构图

③液压执行机构

液压执行机构由液压缸和弹簧组件组成，液压执行机构借助液压缸控制阀杆完成直线或旋转运动，控制调节阀阀门的开度。按活塞内液压油的流向可以分为单作用弹簧返回式、双向作用活塞式、双向作用弹簧返回式等。

2）常见调节阀结构介绍

①直通单座阀

直通单座阀的结构如图 3.9（a）所示，阀体内只有一个阀座密封面，结构简单，密封效果好，是使用较多的一种阀体类型。

②直通双座阀

直通双座阀的结构如图 3.9（b）所示，阀体内有两个阀芯、阀座。这种阀的优点是可调范围大。工质从左侧进入，通过阀芯和阀座，从右侧流出。比同口径的直通单座阀能流过更多的工质，工质作用在上、下阀芯的不平衡力可以相互抵消，所以不平衡力小，但是泄漏量大，切断效果差。

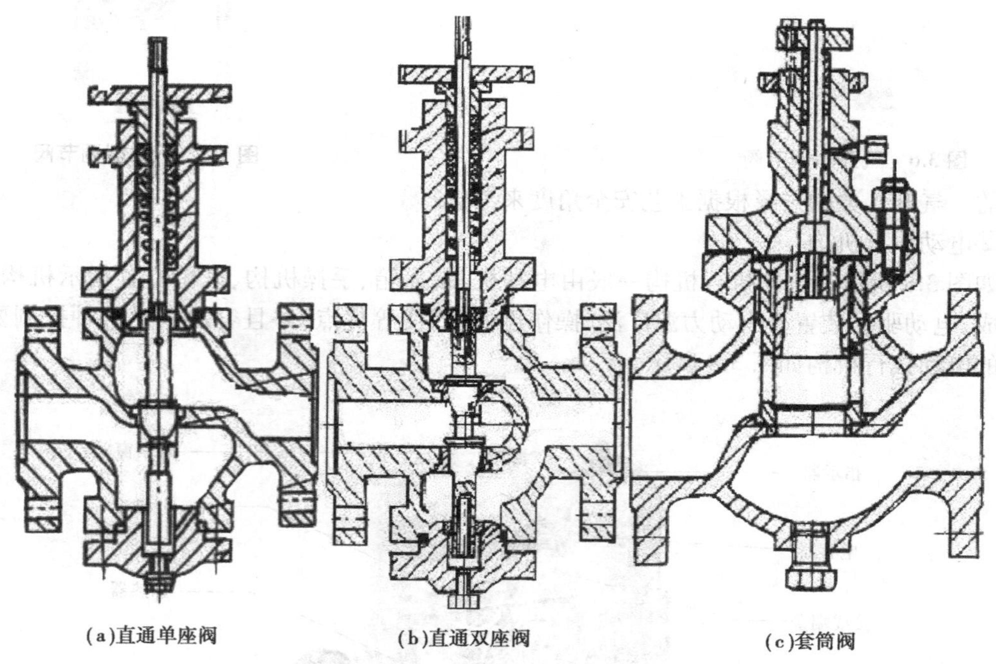

图 3.9　三种常见调节阀结构图

③套筒阀

套筒阀的结构如图 3.9（c）所示。阀体和直通单座阀相似，阀芯内有一个圆柱形套筒。利用套筒的导向，阀芯可在套筒内上下移动。由于这种移动改变了套筒节流孔的面积，实现了流量调节。由于套筒采用平衡型的阀芯结构，因此不平衡力小，稳定性好，不易振荡，阀芯不易损坏。这种阀可承受大差压，噪声小。当改变套筒节流形状时，可得到所需的流量特性，是使用最为广泛的阀体类型之一。

3）调节阀流量特性

阀芯的形状或套筒开孔形状决定控制阀的流量特性。按阀门阀芯与阀座间流通面积的变化，可分线性特性、等百分比特性、快开特性、抛物线特性、双曲线特性及一些修正特性等。流量特性表示阀杆位移量与流体流量之间的关系。对于套筒阀、柱塞阀、V 型开口阀，可以修改阀芯形状改变流量特性。而蝶阀、偏心旋转阀的固有特性不能改变。

3.1.3　给水系统的运行操作

给水系统的运行操作包括高、中压给水泵启停操作(注:如前所述,低压给水泵功能已由凝结水泵承担,凝结水泵操作见本教材丛书机岛分册相关部分)以及给水系统上水操作。给水系统上水操作涉及面较广,参见第五章锅炉启动检查与准备一节;本节只介绍高、中压给水泵的启停要点以及给水系统运行操作的注意事项。

(1)高、中压给水泵启动前检查与准备

①检查检修工作全部结束,工作票终结,安全设施拆除,现场清洁。

②给水泵电机绝缘合格,电源送上。

③给水管路上各截止阀打开,最小流量隔离阀开启,其它阀位正确。

④给水泵轴承冷却水正常,滑油液位正常,系统中所有联锁保护试验合格;确认仪用空气压力正常,汽包水位正常。

⑤带液力耦合器的高压给水泵,确认液力耦合器油位正常;检查勺管位置正常;启动液力耦合器辅助油泵,检查给水泵、液力耦合器及驱动电机轴承油液正常,润滑油压正常。

(2)高、中压给水泵的启动和停运

进入DCS锅炉给水泵画面中,启动给水泵。

①注意启动电流最大值和稳定的电流值,然后逐渐打开出口阀。

②全面检查电机、轴向位移,运转部件振动、声音等是否均正常。

③配备液力耦合器的高压给水泵,当油压升至规定压力时,确认液力耦合器辅助油泵自动停止,注意润滑油压的变化。调节高压给水泵液力耦合器勺管开度,确认转速升高。

汽包已不需要上水,停运给水泵,关闭出口阀。配备液力耦合器的高压给水泵当润滑油压力小于规定值时,确认辅助油泵启动。

(3)给水系统运行操作注意事项

余热锅炉转动设备主要集中在给水系统,运行维护过程中应该注意以下几个方面:

①给水系统在运行过程中,为防止低压省煤器1发生低温腐蚀现象,必须确保低压省煤器1的入口温度高于规定值;为了防止低压省煤器2汽化,必须控制低压省煤器2的进口温度。

②给水系统的给水必须是合格的除盐水。当锅炉上水时,水温与管子壁温间的温度差值应尽量小并且必须低于55 ℃。

③给水系统在首次上水时,打开给水管道的对空放气阀,等到对空放气阀有连续的给水流出后,关闭对空放气阀,这样有利于排尽管道内的空气。如上水前系统内无水,应注意控制上水流量。

④高、中压给水泵,低压再循环泵应定期切换。如果长期停运,要确认电机绝缘合格后,才允许投入运行。

⑤高压给水泵运行中发生故障需要切换时(非紧急情况),应确保系统稳定,建议在切换泵前记录给水流量、阀门开度、勺管开度等信息。给水控制先切至手动模式,启动备用泵,运行稳定后,逐步开大备用泵的勺管开度同时关小故障泵的勺管开度,对比切换前记录的给水流量、勺管开度等,接近时可停运故障泵。

⑥给水系统转动设备投运前或停运后,应检查系统是否漏水漏油,有问题及时处理。

⑦高压给水泵出口压力较高,严禁闷泵运行。

3.1.4　给水泵常见故障及处理

给水泵常见故障有轴承温度高、振动大、泵体泄漏、液力耦合器工作异常等。故障处理的基本要点如下：

(1)当给水泵出现下列情况时应该立即停泵

①泵组突然发生强烈振动或内部有明显的金属摩擦声。

②油系统着火不能扑灭，严重威胁泵组运行。

③油系统严重漏油，油箱油位下降至无指示。

④给水管道严重水击，管道破裂，无法隔离。

⑤给水泵发生汽化。

⑥电动机冒烟冒火。

⑦电动机电流超限，保护拒动。

⑧液力耦合器泵轮、涡轮旋转体易熔塞熔化，给水泵转速不能维持。

⑨给水泵密封水泄漏严重，无法维持运行。

(2)给水泵轴承温度高

1)轴承温度普遍升高

①检查冷油器出口油温度是否正常。

②检查冷却水系统运行是否正常，提高冷却水压力和流量。

③检查油箱加热器是否误投，如误投应切断电源。

④检查润滑油压是否正常，润滑油压过低会引起轴承温度普遍升高。

2)个别轴承温度升高

检查轴承滑油量、振动、声音是否正常，并及时处理。

3)轴承温度异常升高应检查分析原因，消除故障因素，升至报警值时应汇报值长，必要时应紧急停泵，启动备用泵。

(3)给水泵振动大故障处理

给水泵振动大现象：振动值高、噪声大、泵出口压力波动；

故障原因及处理措施：

①固定件松动，应紧固固定件。

②泵的汽蚀余量太小，给水泵入口汽化，应确认低压汽包水位正常，进口阀阀位正常，进口滤网压差正常。

③润滑油品质不合格，应更换为合格的润滑油。

④给水泵对中不合格，应重新对中。

(4)给水泵泄漏

①给水泵为多级泵，给水泵泄漏一般发生在级间，拉杆松动密封不严会导致泵级间泄漏。

②泵机械密封不严或损坏会导致泵泄漏。

③泵体裂纹导致泵泄漏。

(5)液力耦合器故障的处理

1)液力耦合器工作异常现象

①液力耦合器勺管回油温度异常升高至报警值。

②液力耦合器发生了强烈振动或内部有异声。

③高压给水泵启动后，水泵转速不能升高。

④勺管回油温度超限或液力耦合器冒烟。

2)液力耦合器工作异常处理

①液力耦合器勺管回油温度异常升高，应检查冷油器运行情况是否正常，如冷却水调整阀失灵，必要时可提高闭式冷却水压力。

②检查油泵、油压是否正常。

③调整给水泵转速，增大工作油量。

④如勺管回油温度升至跳泵值，应紧急停泵，启动备用泵。

⑤如高压给水泵启动后转速不能升高，应紧急停泵，启动备用泵。

⑥如液力耦合器强烈振动、内部有明显异声、液力耦合器冒烟，应紧急停泵，启动备用泵。

3.2　高压汽水系统

在三压再热自然循环余热锅炉中，高压汽水系统向蒸汽轮机提供压力、温度、品质均合格的高压过热蒸汽。本节主要内容为高压汽水系统的组成及流程、主要阀门和仪表配置、运行维护要点等。高压蒸汽温度、压力及汽包水位等参数的调节参见第6章锅炉运行调整。

3.2.1　系统组成及流程

高压汽水系统由高压省煤器、高压蒸发器、高压过热器、高压汽包、汽水管道阀门、热工测量仪表等组成。

来自高压给水泵出口的给水经高压省煤器逐级加热成欠饱和给水进入高压汽包，高压汽包内炉水通过两根不受热的大口径下降管进入高压蒸发器的下联箱，再进入高压蒸发器各换热管进一步吸热生成汽水混合物，汽水混合物进入高压汽包，经两级汽水分离装置(圆弧挡板惯性分离器和带钢丝网的波形板分离器)分离，饱和蒸汽上升到汽包上部，饱和水下降到汽包下部。汽包上部的饱和蒸汽通过饱和蒸汽连接管进入高压过热器1进口集箱，依次流经过热器1各排鳍片管进入高压过热器1出口集箱，喷水减温后，进入高压过热器2进口集箱，再依次流经过热器2各排鳍片管进入高压过热器2出口集箱，由连接管引至高压主蒸汽集箱。高压汽水系统的流程如图3.10所示。

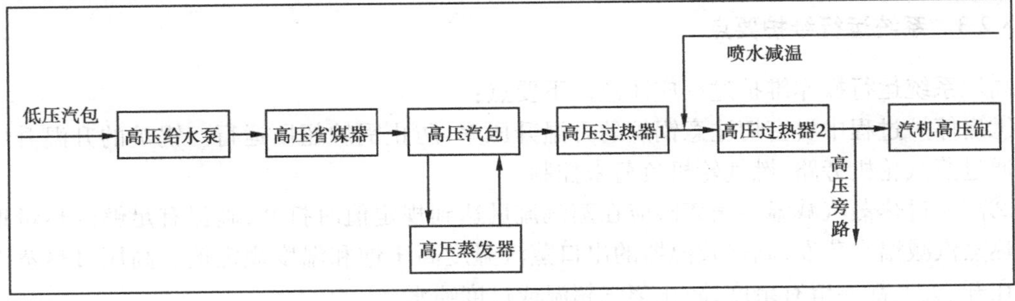

图3.10　高压汽水系统流程图

3.2.2 测量保护元件及主要阀门配置

高压汽水系统中高压省煤器、高压蒸发器、高压过热器、高压锅炉汽包等部件结构参见本书第2章。本节主要介绍高压汽水系统上测量保护元件及主要阀门配置。

高压给水泵出口设置三组流量变送器用来测量高压给水流量；在高压主给水电动阀前后各设置有一组压力变送器和压力表，用来监测泵出口压力；在高压主给水电动阀前还设置热电偶监测给水温度。高压给水泵出口设置有主给水电动阀和给水旁路调节阀来调节给水流量。在主给水电动阀后设置有机械式逆止阀防止给水泵停运时给水倒流而导致泵反转。另外，在逆止阀后还设置有电动阀用于给水泵隔离。在给水流量变送器后，设置给水支路提供高压过热蒸汽减温用水。在给水电动阀出口设置取样点，用于检测高压给水品质(参见附录4.1高压汽水系统图)。

高压省煤器出口管道上设置热电偶和就地温度计，用于监视省煤器出口温度，防止省煤器汽化。高压省煤器1入口管道和高压省煤器2入口管道上各安装有一组放气阀，用于高压系统充水时管道放气。各级省煤器底部设置有疏水阀，用于放空省煤器内的水。

高压汽包设置差压式水位变送器三台、就地水位计三套，确保对汽包水位的准确监控。汽包上下壁各设四支热电偶，实现对汽包壁温的监控，防止上下壁温差过大。汽包顶部安装有两块就地压力表和三台压力变送器。为防止锅炉超压，高压汽包设置控制安全阀和工作安全阀。当锅炉压力超过规定值时，控制安全阀首先动作，如果压力继续升高，则工作安全阀动作。两个安全阀依次动作，有效减少安全阀的排汽量，减少热量和工质损失。在饱和蒸汽引出管上设置有一组放气阀，三个饱和蒸汽取样点，一个充氮接口。

随着炉水不断汽化，炉水中的盐分浓度逐渐增加，在正常水位以下200~300 mm处形成高浓度区，一般汽包连续排污管道就安装在此位置，将高浓度炉水排出系统。在连续排污管道上设置取样管，通过对炉水最高含盐量的监视，由加药装置向汽包内加入适当的药品，确保炉水水质合格。汽包上设置有一路紧急放水管路，当汽包水位超过最高允许水位时，通过紧急放水管将多余的炉水放掉。汽包上还设置有一路定期排污管道。

高压过热蒸汽集箱上设置启动放气阀，锅炉启动初期打开，确保过热器内有蒸汽流动而得到冷却，过热蒸汽品质不合格时通过启动放气阀直接将蒸汽排掉。为防止超压，集箱上设置有安全阀和主蒸汽PCV(压力控制阀)。高压系统配置反冲洗管道，其水源为锅炉高压给水。锅炉长期运行后，高压过热器管内壁附有盐垢，定期用给水反冲洗过热器，可将溶于水的盐垢清除。

3.2.3 系统运行维护要点

高压系统运行操作维护过程应注意以下要点：

①启停炉过程中要密切注意锅炉的升温升压率，防止锅炉超压运行。锅炉的升温升压率可以通过蒸汽轮机旁路、燃气轮机负荷来控制。

②高压过热蒸汽减温器隔离阀应在蒸汽流量达到规定值时打开，确保有足够的热量把高压过热蒸汽减温水蒸发；确保减温器的出口蒸汽温度高于饱和温度规定值。高压过热蒸汽减温阀在开、关上都要留有余度，防止蒸汽超温或过度喷水。

③锅炉运行稳定后根据水质要求投入连续排污。

④操作汽水阀门时,注意汽水阀门开度不小于规定值。

3.3 中压/再热汽水系统

中压/再热汽水系统将中压给水加热,生成过热蒸汽,与来自蒸汽轮机高压缸的排汽混合,再热后向蒸汽轮机提供压力、温度、品质合格的再热蒸汽。本节主要内容为中压/再热汽水系统的组成及流程、主要阀门及仪表配置、运行维护要点等。蒸汽温度、压力及汽包水位等参数的调节参见第6章锅炉运行调整。

3.3.1 系统组成及流程

中压/再热汽水系统由中压省煤器、中压汽包、中压蒸发器、中压过热器、再热器、汽水管道阀门、热工测量仪表等组成。

经中压给水泵加压后的给水先进入中压省煤器,再经中压给水调节阀后进入中压汽包,通过集中下降管进入分配集箱,在中压蒸发器被烟气加热,产生汽水混合物回到中压汽包;经过两级汽水分离,分离出来的中压饱和蒸汽经中压过热器后,和高压缸做功后的乏汽(又称冷再热蒸汽)混合进入再热器;在再热器1与2之间设置喷水减温器,用于调节再热蒸汽的温度。经减温后的合格蒸汽,向蒸汽轮机供汽,如图3.11所示。

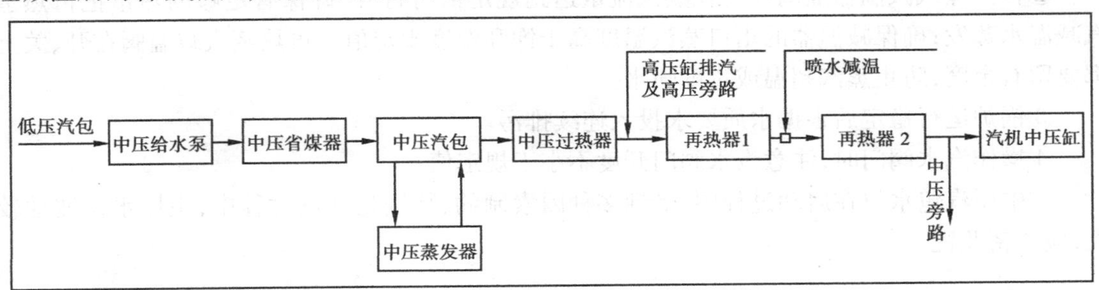

图3.11 中压/再热汽水系统流程图

3.3.2 测量保护元件及主要阀门配置

本节主要介绍中压/再热汽水系统测量保护元件及主要阀门配置。

中压给水泵出口设置有三台流量变送器,用来测量中压给水流量。在流量变送器后引出再热蒸汽减温水支路。设置中压给水电动阀用于给水泵隔离,在电动阀前设置机械式逆止阀,防止给水泵停运时给水倒流而导致泵反转。在电动阀后设置压力变送器、压力表、热电偶、温度表,用来监测泵出口的给水压力和温度。

为防止中压给水泵出口管道和中压省煤器中给水超压,在省煤器入口前给水管道上设置有机械式安全阀。在中压省煤器出口设有中压给水调节阀,用于调节进入中压汽包的给水流量。中压省煤器出口管道上装有热电偶和就地温度计,用于监视省煤器出口温度。炉水的加药口也设置在省煤器出口到汽包的管道上。

中压汽包上设置差压式水位变送器三台、就地水位计三套,确保对汽包水位的准确监控。

汽包上下壁各设四支热电偶，实现对汽包壁温的监控，防止上下壁温差过大。汽包顶部安装有两块就地压力表和三台压力变送器。为防止锅炉超压，中压汽包设置安全阀。在饱和蒸汽引出管上设置一组放气阀，一个饱和蒸汽取样点和充氮接口。在汽包下部设置连续排污管将含盐浓度高的炉水排出系统，在连续排污管道上设置炉水取样支路，用于监视炉水含盐量。还设置紧急放水管和定期排污管。

中压过热蒸汽集箱上设置启动放气阀，锅炉启动初期打开，确保过热器内有蒸汽流动而得到冷却，过热蒸汽品质不合格时通过启动放气阀直接将蒸汽排掉。为防止超压，集箱上设置安全阀。中压系统配置反冲洗管道。

在中压蒸汽集箱上设置并汽电动隔离阀和气动调节阀，并汽电动隔离阀设有旁路阀，通过旁路阀的开启来减小并汽电动隔离阀开启时的力矩。再热器1和再热器2之间设置有再热蒸汽减温器，用来调节再热蒸汽温度。再热蒸汽集箱上设置启动放气阀、PCV阀和安全阀以及用来监测温度和压力的热工仪表（详见附录4.2中压汽水系统图）。

3.3.3 系统运行维护要点

中压/再热汽水系统运行操作维护应注意以下要点：

①启停炉过程中要密切注意锅炉的升温升压率，防止锅炉超压运行。锅炉的升温升压率可以通过蒸汽轮机旁路、燃气轮机负荷来控制。

②再热蒸汽减温器隔离阀应在蒸汽流量达到规定值时打开，确保有足够的热量把再热蒸汽减温水蒸发；确保减温器的出口蒸汽温度高于饱和温度规定值。再热蒸汽减温阀在开、关上都要留有余度，防止蒸汽超温或过度喷水。

③锅炉运行稳定后根据水质要求投入连续排污。

④操作汽水阀门时，注意汽水阀门开度不小于规定值。

⑤中压汽包水位在启动过程中，受到多种因素制约，特别是并汽过程中，中压水位波动较大，应严密监视。

3.4 低压汽水系统

低压汽水系统向蒸汽轮机提供压力、温度、品质均合格的低压过热蒸汽；同时将低压给水加热后输送至低压汽包，作为高、中压汽水系统的给水。本节主要内容为低压汽水系统的组成及流程、主要阀门及仪表配置、运行维护要点等。蒸汽温度、压力及汽包水位等参数的调节参见第6章锅炉运行调整。

3.4.1 低压汽水系统组成及流程

低压汽水系统由低压省煤器、低压汽包、低压蒸发器、低压过热器、汽水管道阀门、热工测量仪表等组成。

凝结水泵加压后的给水依次流经低压省煤器1、2各管排，经加热后以接近饱和的温度引入低压汽包。其中低压省煤器1出口部分工质由再循环泵打回低压省煤器1入口与凝结水泵来的给水混合，以满足省煤器1入口水温调节的要求。低压汽包炉水由下降管进入蒸发器分配集箱，在蒸发器内被烟气加热产生的汽水混合物回到低压汽包；分离出的低压饱和蒸汽进入低压过热器1、2加热成低压过热蒸汽后进入蒸汽轮机低压缸做功。系统如图3.12所示。

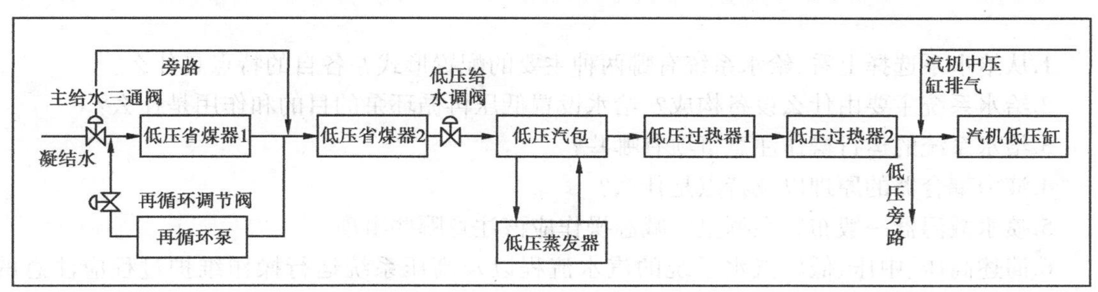

图3.12 低压汽水系统流程图

低压省煤器1设置再循环回路的主要作用是：提高低压省煤器1入口的水温，确保低压省煤器1水温高于露点温度，防止低压省煤器1发生低温腐蚀现象。低压省煤器2入口引入冷水的作用是降低低压省煤器2的温度，防止低压省煤器2发生汽化。

3.4.2 测量保护元件及主要阀门配置

本节主要介绍低压汽水系统测量保护元件及主要阀门配置。

经凝结水泵加压后的凝结水进入低压省煤器1、2加热后进入低压汽包。在低压省煤器1的入口管道上设置有三台流量变送器，设置有防止给水倒流的逆止阀，低压主给水电动隔离阀，另外还设置有主给水三通阀，用于防止低压省煤器2及给水管中温度过高汽化。在低压省煤器1出口管道设置有一用一备的低压再循环泵，将经过低压省煤器1加热后的给水再送入低压省煤器1入口，用于低负荷阶段提高低压省煤器1入口水温，防止发生低温腐蚀。

进入低压汽包前的给水管道上设置安全阀、热电偶。为保证炉水品质，在进入汽包的给水管道上安装有加药接口。在低压省煤器2出口管道上设置低压给水调节阀及旁路手动阀。

低压系统受热面的底部均设有疏水阀。在低压蒸发器底部还设有排污电动阀，用于调节水质，并在启动初期用来控制汽包水位。

经低压过热器加热后的过热蒸汽汇集到低压集汽联箱。在低压集汽联箱上设有流量变送器、热电偶和压力变送器及其他测量仪表。还设有机械式安全阀、对空排气电动阀组（参见附录4.3——低压汽水系统图）。

3.4.3 低压汽水系统的运行维护要点

低压汽水系统的运行维护应注意下述要点：

①启停炉过程中要密切注意锅炉的升温升压率，防止锅炉超压运行。锅炉的升温升压率可以通过蒸汽轮机旁路、燃气轮机负荷来控制。

②锅炉运行稳定后根据水质要求投入连续排污。

③操作汽水阀门时，注意汽水阀门开度不小于规定值。

复习思考题

1.从给水泵选择上看，给水系统有哪两种主要的配置形式？各自的特点是什么？

2.给水系统主要由什么设备构成？给水设置低压再循环泵的目的和作用是什么？

3.给水系统的运行操作注意事项有哪些？

4.液力耦合器的原理以及特点是什么？

5.喷水减温器一般布置在哪里？减温操作应该注意哪些事项？

6.简述高压、中压、低压汽水系统的汽水流程以及高压系统运行操作维护过程应注意的事项。

第 4 章 余热锅炉辅助系统

余热锅炉辅助系统主要包括排污疏水系统、取样系统、加药系统，其主要作用是减轻或防止余热锅炉结垢和腐蚀，确保余热锅炉汽水品质合格。

在联合循环电厂中，烟气连续在线监测系统一般安装在余热锅炉的出口烟囱上，SCR 系统（选择性催化还原脱硝系统）安装在余热锅炉的高温段。本教材在余热锅炉辅助系统章节简要介绍上述两个系统。

4.1 排污疏水系统

余热锅炉在运行过程中排出一部分含盐浓度大的炉水、水渣、水垢等杂质的过程，称为余热锅炉排污。余热锅炉在启停过程或正常运行过程中排出管道中存积冷凝水的过程，称为余热锅炉疏水。通常排污系统和疏水系统可设置为一个整体，也可以根据需要设置独立的排污系统和疏水系统，系统组成和操作要点基本相同。本节介绍的排污疏水系统有排污和疏水两种功能。

余热锅炉汽包内的水称为“炉水”。余热锅炉启动过程或正常运行时，进入汽包的给水带有盐分，此外在对炉水进行加药处理后，炉水中含有各种可溶性和不溶性杂质。运行中这些杂质只有极少部分被蒸汽带走，大部分留在炉水中。随着炉水不断蒸发、浓缩，炉水中杂质含量不断增加，影响蒸汽品质，造成受热面的结垢和腐蚀。为了保持受热面内部清洁及汽水品质的合格，必须对余热锅炉进行排污。

余热锅炉排污分连续排污和定期排污两种。连续排污目的是连续地排出炉水中溶解的部分盐分及一些细小水渣和悬浮物等，使炉水的含盐量不超过规定值，并维持一定的炉水碱度。定期排污的目的是定期地排出炉水中不溶解的沉淀杂质。为了控制余热锅炉正常运行过程的汽水品质，余热锅炉必须进行排污。

余热锅炉启动前，蒸汽管道、受热面因受冷却作用，部分蒸汽凝结成水导致蒸汽管道内积水，如不及时排出，会造成多种不良后果。管道积水引起的受热不均会造成过大的热应力，严重时会造成管道水击；蒸汽带水会造成蒸汽轮机部件损坏，因此必须对余热锅炉进行疏水。

余热锅炉疏水可分启停过程中的疏水和正常运行过程中的疏水。启停过程中的疏水是为了及时排出管道中的冷凝水或积水，确保机组的安全运行。而正常运行中的疏水主要是防止蒸汽带水，确保蒸汽品质合格。

4.1.1　系统组成及流程

排污疏水系统由连续排污疏水扩容器、水位调节阀、定期排污疏水扩容器、受热面疏水阀、联箱疏水排污阀、连续排污阀、定期排污阀及相关管道仪表等组成。

炉水含盐浓度最大的区域在汽包正常运行水位以下 100 mm 处，通常连续排污管装在汽包正常水位以下 200 mm 处，以防水位波动时排不出水。排污管沿汽包长度布置，管上开小孔或小槽，炉水沿小孔或小槽进入排污管排出汽包。定期排污管从沉淀物聚积最多的汽包底部引出。定期排污主要排出汽包下部的软渣和锈皮等，安装在汽包底部。典型余热锅炉排污疏水系统如图 4.1 所示。

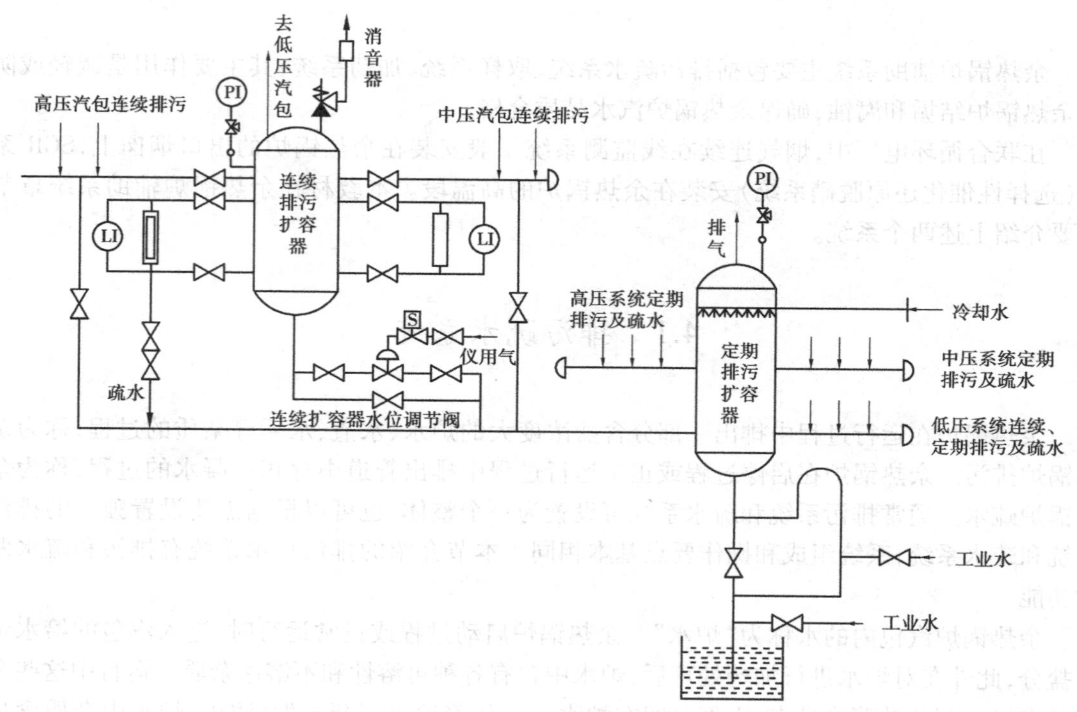

图 4.1　排污疏水系统流程图

如图 4.1 所示的排污疏水系统中，高、中压汽包内的不合格炉水通过连续排污阀和定期排污阀分别排至连续排污扩容器和定期排污扩容器内。排污水经过连续排污扩容器进行一级扩容和汽水分离后，通过水位调节阀进入定期排污扩容器，分离后的蒸汽经回收管道再进入低压汽包。在连续排污扩容器故障情况下，可打开连续排污扩容器两侧的手动旁路阀让排污水直接进入定期排污扩容器扩容。定期排污扩容器除了接收高、中压汽包的连续排污水外，还接收高、中压系统的疏水和低压汽包连续排污水、定期排污水及疏水，排污水和疏水在定期排污扩容器内进行扩容后进入余热锅炉废水池。

4.1.2　排污疏水系统主设备

排污疏水系统主设备包括连续排污扩容器和定期排污扩容器等。以下简要介绍疏水扩容器。

疏水扩容器分为立式疏水扩容器和卧式疏水扩容器两种。余热锅炉常采用的是立式疏水扩容器。疏水扩容器由外壳、多根进水管和汽水分离装置组成。必要时还可加装入孔和冷却水管。立式疏水扩容器结构如图4.2所示;卧式疏水扩容器结构如图4.3所示。

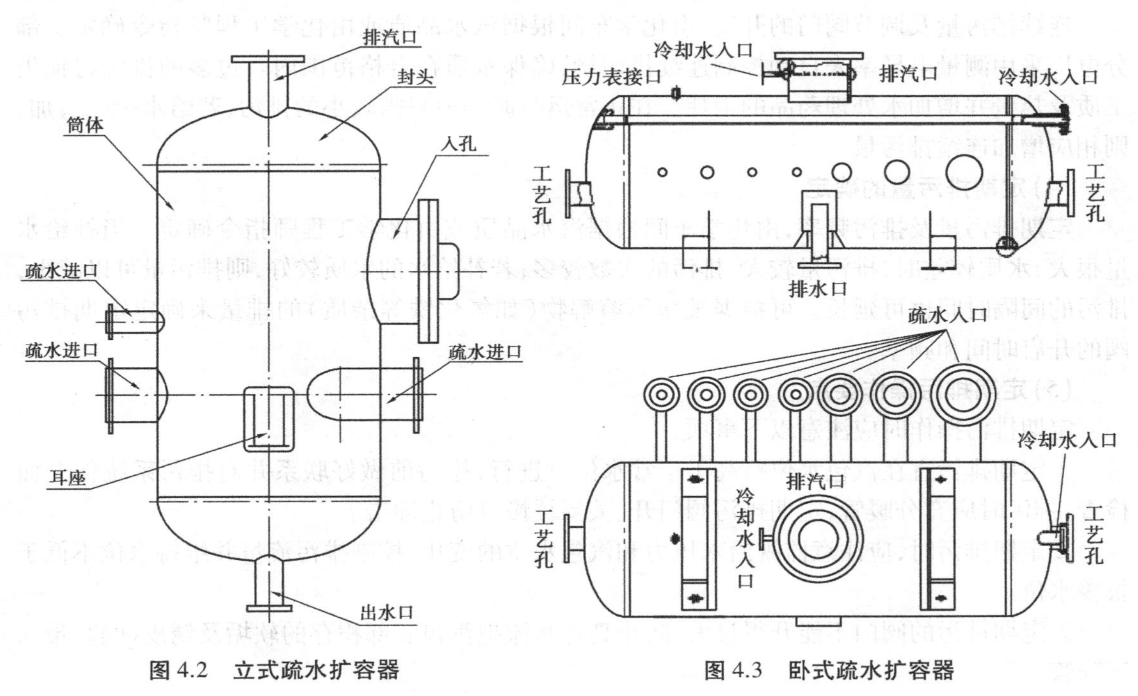

图4.2　立式疏水扩容器　　图4.3　卧式疏水扩容器

4.1.3　排污疏水系统运行操作及维护

排污疏水系统的运行操作及维护,应重点注意连续排污扩容器水位调节、疏水方式选择、定期排污及连续排污水量的确定、排污阀操作次序等。

(1)连续排污扩容器的水位调节

连续排污扩容器的水位通过一个水位调节阀自动控制在允许的范围内。运行过程中应注意:

①连续排污扩容器水位调节阀投入自动调节时,应加强监视,一旦自动调节失灵,应迅速改为远方手动控制,以确保水位的正常。

②定期检查连续排污扩容器的现场液位和远传液位是否一致。

③余热锅炉排污时,要严密监视连续排污扩容器的压力,防止连续排污扩容器超压运行。

(2)余热锅炉疏水方式

余热锅炉有三种疏水方式:

①根据余热锅炉的冷态、温态、热态以及压力来自动控制疏水。

②根据疏水点的工质温度和对应压力下饱和温度的差值控制疏水。

③根据疏水点的疏水罐液位自动控制疏水。

目前联合循环机组采用APS(自启停系统)启动时,采用第一种疏水方式,各受热面疏水阀的开启与关闭时间与余热锅炉状态有关。余热锅炉冷态启动过程疏水时间相对于温、热态启动疏水时间较长,而疏水阀关闭时的汽包压力相对温、热态的汽包压力要低一些。

应定期开启蒸发器下集箱的各疏水排污阀以排出不溶解杂质,但运行中排污会对水质控制、汽包水位和其他运行参数产生影响,应控制排污量。

(3)连续排污量的确定

连续排污量及调节阀门的开度,由化学车间根据汽水品质或由化学工程师指令确定。部分电厂采用测量电导率来自动控制连续排污量,确保水质在合格范围内。过多的排污将损失工质及热量并增加水处理药品的消耗。在正常运行时一般只需较小的排污,若给水杂质增加,则相应增加连续排污量。

(4)定期排污量的确定

定期排污量及排污频率,由化学车间根据汽水品质或由化学工程师指令确定。当补给水量很大、水质较差时,排污量较大,排污的次数较多;若补给水的水质较好,则排污量可以减少,排污的间隔时间也可延长。可根据某些不溶解物(如氧化铁等杂质)的排量来确定定期排污阀的开启时间和频率。

(5)定期排污操作要点

定期排污操作时应注意以下事项:

①定期排污宜在汽包水位略高于正常水位时进行,排污前做好联系并对排污系统作全面检查,排污时应充分暖管,定期排污阀门开、关要缓慢以防止冲击。

②定期排污时,应注意监视给水压力和汽包水位的变化,控制排污流量并维持水位不低于报警水位。

③定期排污的阀门不能开得过大,防止高速水流把汽包底部积存的软垢及锈皮冲起,带入下降管。

④操作阀门时应使用专用扳手。

⑤排污过程中,如余热锅炉发生故障或事故,应立即停止排污。

⑥排污完毕后应对系统进行全面检查,确认排污阀门关闭严密。

(6)排污阀门操作次序

一般情况下,排污阀串联安装,通常以接近汽包或联箱的第一个阀门作为隔离阀门,而以第二个阀门作为调整阀门。排污阀的开关次序如图4.4所示。

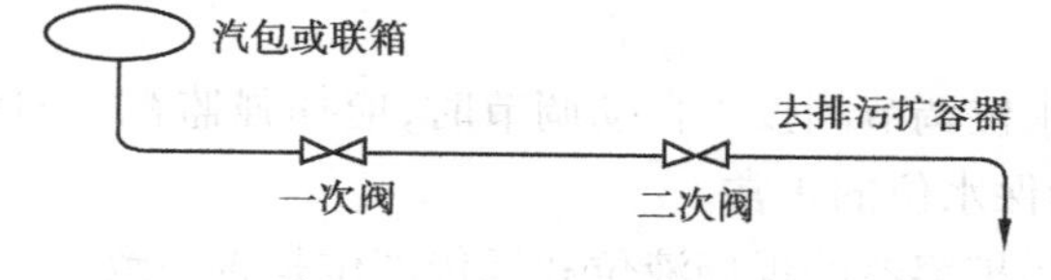

图4.4 排污阀的开关次序图

排污阀开启时,先开一次阀,再开二次阀;关闭时先关二次阀再关一次阀。这样的开、关次序便于保护一次阀,且当二次阀泄漏时,可以在运行情况下进行更换或检修。这种操作方式的缺点是,在阀门关闭后,两阀门间会有存水,而存水的温度低于炉水温度,当再次开启一次阀时易产生水击。为了防止水击,可在排污完毕后开启二次阀,以便排放存水。

4.2　取样系统

取样系统的作用是通过对热力系统中的凝结水、给水、炉水、饱和蒸汽、过热蒸汽、再热蒸汽等抽取样水进行化学分析、测量和监控，便于运行人员及时了解汽水品质，并适时调整，确保余热锅炉安全运行。

4.2.1　取样系统组成及流程

取样系统主要由降温降压架、低温仪表架和相关管道阀门组成。降温降压架中的设备包括取样一次阀、二次隔离阀、冷却器和样水排污阀、冷却水流量控制器以及相关管道等。低温仪表架中的设备包括离子交换柱，测量仪表，手工取样阀，流量调节阀，样水温度控制电磁阀、安全阀以及相关管道等。取样系统流程如图 4.5 所示。

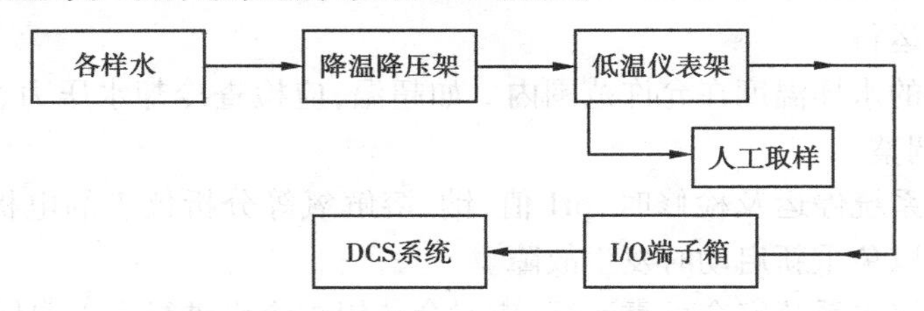

图 4.5　取样系统流程图

循环水、凝结水、给水、炉水、饱和蒸汽、过热蒸汽、再热蒸汽等高温高压水、汽样品经降温降压架中的冷却器冷却降压后，变成低温低压样水，一路供人工取样用，另一路供在线分析仪表用，在线分析仪表测量数值送至 DCS 系统。典型取样系统如图 4.6 所示。

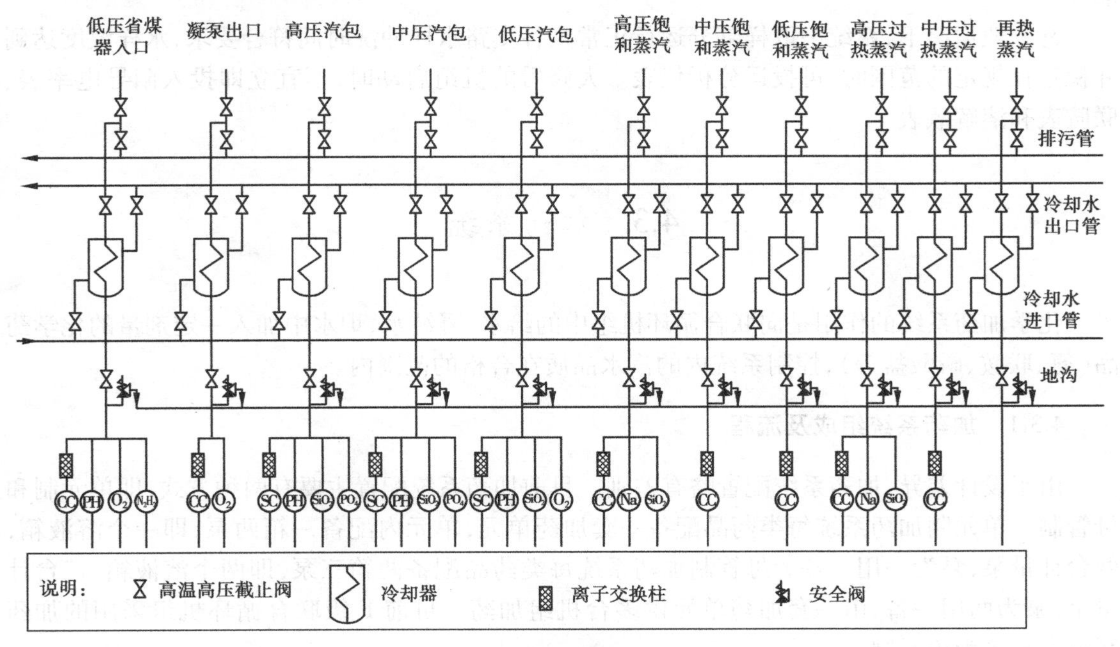

图 4.6　取样系统示意图

4.2.2 取样系统运行操作要点

取样系统操作时应注意以下几点：

①在引进水样前，确认冷却水系统已投运，冷却水进、出口阀及所有冷却水回路阀门正常，观察阀门有无泄漏，如有泄漏应及时处理。单个冷却器的冷却水流量应在正常范围内。

②冷却水不得中断，否则，高温汽、水样容易将取样系统的部件和仪表损坏。冷却水中断前，必须关闭取样一次阀。

③降温降压架二次隔离阀不宜频繁开启，开启降温降压架水样隔离阀时要缓慢，调节减压阀时也要缓慢，使水样流量满足人工取样和分析仪表的要求，在未调节好减压阀前，不要打开低温仪表架调节阀，以免损坏仪表。

④在对水样管路进行排污时，应逐个样点进行，各样点每次排污时间不宜过长，排污间隔不宜过短，完成排污后确认排污阀已关闭并且无泄漏情况。

⑤当出现水样流量异常变化或因水样管路系统泄漏造成水样流失时，应立即关闭上一级隔离阀或停止设备运行。

⑥监视各支路的水样温度在允许范围内。如超温，应检查冷却水压力、温度、流量是否符合要求，并作相应调整。

⑦当汽水取样系统停运及检修时，pH 值、钠、溶解氧等分析仪表的电极应按维护手册保养，防止电极干枯，以免重新启动时发生故障。

⑧为确保机组汽水系统安全可靠运行，应对余热锅炉汽水进行人工取样化验，以比对仪表的可靠性。取样瓶选用聚乙烯材料，容量合适并用一定比例的盐酸浸泡清洗。取样前，用少量样水清洗瓶子三次，取样时应待瓶满且溢流两倍样瓶体积后，盖严瓶盖，取样结束。无论实验需要多少水样，取样瓶都应取满瓶。如汽水取样系统需要排污，则应在排污后过一段时间后再取样。

⑨一般情况下，系统中取样部分运行正常且各支路水样冲洗时间符合要求，水样温度达到并稳定在规定的范围时，可投运分析仪表。大修后的机组启动时，不宜立即投入阳导电率表、联胺表和溶解氧表。

4.3 加药系统

化学加药系统的作用是向联合循环机组中的给水、凝结水、炉水中加入一定剂量的化学药品（氨、联胺、磷酸盐等），控制系统内的汽水品质在合格的范围内。

4.3.1 加药系统组成及流程

由于设计差异，加药系统配置略有差别。目前加药系统配置主要有两种方式，即单元制和母管制。单元制加药系统每类药品配备一套加药单元，单元内配备一箱两泵，即一个溶液箱，两台计量泵，泵为一用一备。母管制加药系统每类药品配备两箱三泵，即两个溶液箱，三台计量泵，泵为两用一备，由一套加药单元供多台机组加药。目前 F 级联合循环机组采用的加药系统方式多为单元制。

化学加药系统一般成套配置。化学加药成套装置由给水加氨装置、给水加联胺装置、炉水加磷酸盐装置组成。每套化学加药装置配备独立控制盘，独立运行。化学加药系统的主要设备有溶液箱、液位计、搅拌器、计量泵、管路、阀门、压力表、控制系统以及操作平台、扶梯等。典型加药系统示意图如图4.7所示。

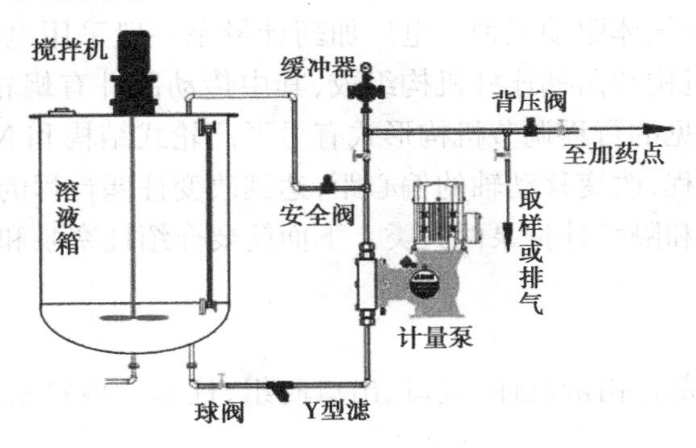

图4.7　典型加药系统示意图

(1)给水加氨的作用及流程

给水加氨的作用是消除给水中的二氧化碳，控制给水pH值，防止发生酸性腐蚀。氨与水在溶液罐内配成一定比例的氨水稀溶液，经过滤网过滤后，通过加药泵加入给水管道或凝结水泵出口管道。

(2)给水加联氨的作用及流程

给水加联胺的作用是消除给水溶解氧，防止系统氧腐蚀，同时由于联胺在炉内高温下分解产生氨，可间接控制炉水的pH值。联氨与水在溶液罐内配成一定比例的联氨稀溶液，经过滤网过滤后，用加药泵加到凝结水泵出口管道中，通过凝结水的搅动，使药液和给水均匀混合。联氨也可直接加入低压汽包，但加到凝结水泵的出口管道可以延长联氨和氧的作用时间，减轻低压省煤器的腐蚀。所以联氨加药点一般设置在凝结水泵的出口管道。

(3)炉水加磷酸盐的作用及流程

炉水加磷酸盐的作用是防止在热力系统中产生水垢并控制炉水pH值。磷酸盐与水在溶液罐中配成一定比例的磷酸盐稀溶液，经过过滤器过滤后，通过加药泵加入到汽包中。加药系统流程如图4.8所示。

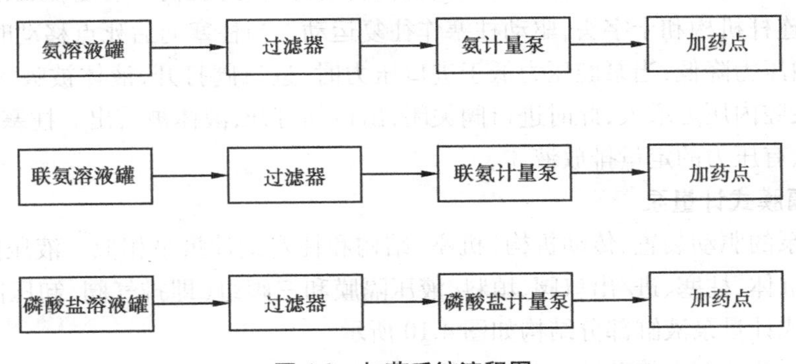

图4.8　加药系统流程图

4.3.2 加药系统主设备

加药系统主设备包括加药计量泵、加药罐、搅拌器等,本节简单介绍加药计量泵。

加药计量泵主要由驱动装置、传动机构(机座)和液缸部件组成。计量泵按驱动形式可分为电机驱动、电磁驱动和气体驱动三种。电厂加药计量泵一般采用电机驱动。传动机构由蜗轮蜗杆机构、行程调节机构和曲柄连杆机构组成,其中传动部件有蜗轮、蜗杆、偏心轮、偏心轮销、连杆、十字头等。常见的行程调节机构形式有弓形凸轮式结构和N形轴式结构两种,通过旋转调节手轮来调节行程,改变移动轴的偏心距,达到改变柱塞行程的目的。计量泵按液缸结构可分为柱塞式计量泵和隔膜计量泵两大类。下面简要介绍柱塞泵和液压隔膜泵液缸的结构和泵的工作原理。

(1)柱塞式计量泵

柱塞式计量泵液缸部件由液缸体、进口、出口阀组、柱塞和填料密封件组成。柱塞式计量泵结构如图4.9所示。

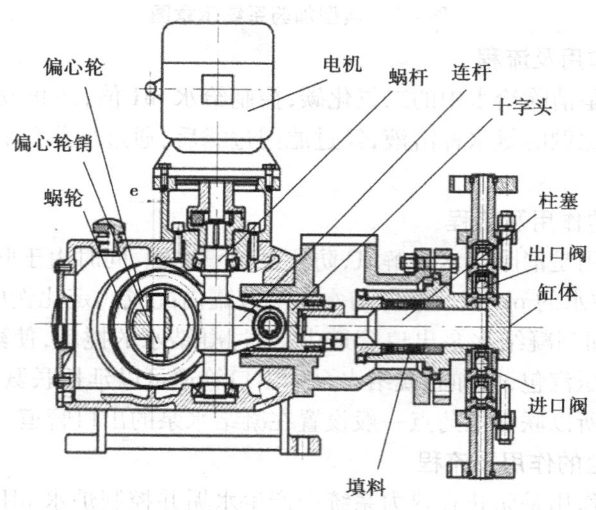

图4.9 柱塞式计量泵结构图

柱塞式计量泵的电机经联轴器带动减速机构转动,由减速机构带动曲轴和偏心轮旋转,偏心轮带动曲柄连杆机构和十字头,驱动柱塞作往复运动。当柱塞向后死点移动时,泵腔容积逐步增大,泵腔内压力降低,当泵腔压力低于进口压力时,进口阀打开,液体被吸入;当柱塞向前死点移动时,泵腔内压力增大,此时进口阀关闭,出口阀打开,液体被挤出。柱塞的往复循环工作形成连续的、有压力的定量排放液体。

(2)液压隔膜式计量泵

隔膜计量泵的驱动装置、传动机构(机座)结构和柱塞式计量泵相似。液压隔膜泵的液缸部分主要由液缸体、柱塞、进/出口阀、填料、液压隔膜和三阀组(即排气阀、卸压阀、补油阀)组成。液压隔膜式计量泵液缸部分结构如图4.10所示。

液压隔膜泵的柱塞由传动端的曲柄连杆机构带动往复运动,造成液压油压力变化,使隔膜产生挠曲位移达到输送介质的目的。三阀组保持液压腔内液压油量的相对稳定:双功能液压阀(由排气阀、卸压阀组成)能排掉进入液压腔内的气体,避免液压油过多或排液管道受阻超

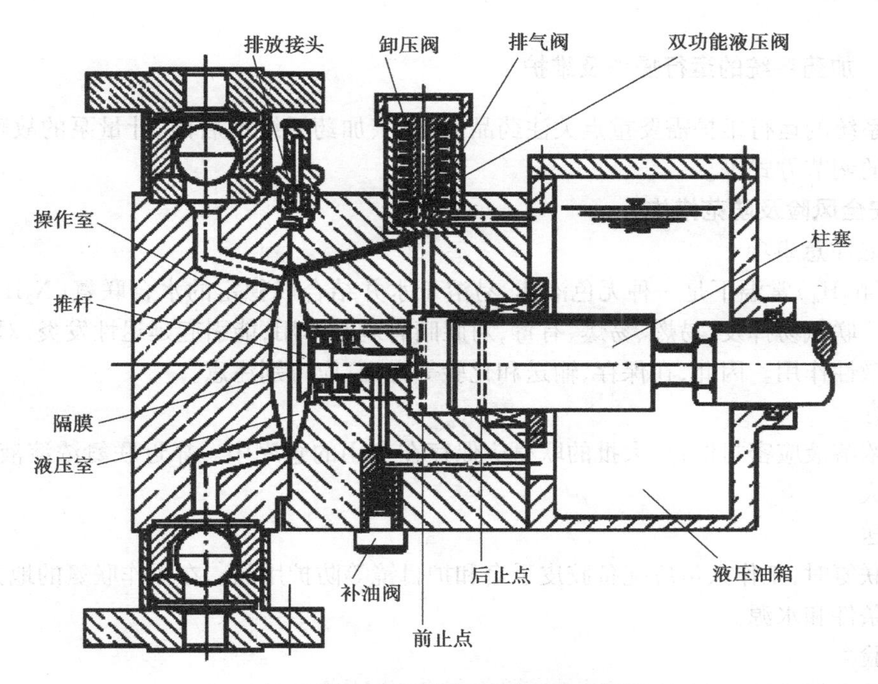

图 4.10　液压隔膜泵液缸部分结构图

压,自动开启卸压阀;补油阀受液压腔内的真空作用随时补油,确保液压腔内充满液压油。

隔膜式计量泵工作原理如图 4.11 所示。隔膜式计量泵利用隔膜前后动作导致隔膜与泵腔之间容积交替变化,造成球阀上下移动形成真空吸附与推挤,实现液体输送。

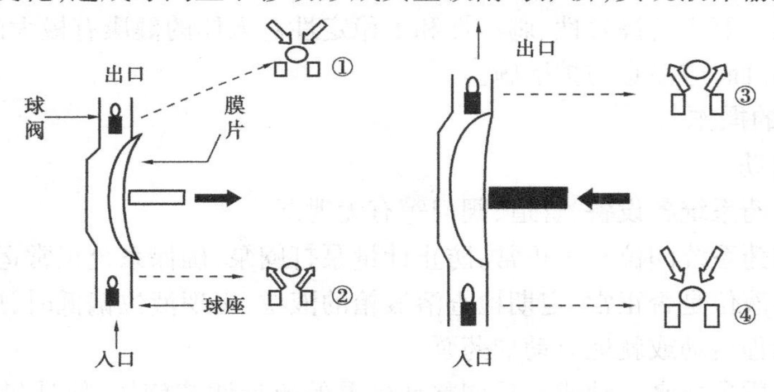

图 4.11　隔膜式计量泵工作原理图

当膜片往后拉时,出口球阀掉下与球座密合①,入口球阀因膜片后拉时与泵头间产生真空而往上浮起②,液体跟着被吸上来。

当膜片往前推时,入口球阀与球座密合④,使液体不会通过,而出口因膜片往前推挤使球阀开启③,液体排出。

柱塞式计量泵无法完全隔离介质和泵内液压油,在防污染要求高的环境中受到诸多限制。隔膜式计量泵利用特殊设计加工的柔性隔膜取代活塞,实现介质和泵内液压油完全隔离,因此应用较为广泛。

4.3.3 加药系统的运行操作及维护

加药系统的运行维护需要重点关注药品危害性、加药系统的启停、计量泵的故障处理、加药泵流量的调节方式等。

(1)安全风险及防范措施

1)联氨注意事项

联氨(N_2H_4)常温下是一种无色液体,易溶于水并结合成稳定的水合联氨($N_2H_4H_2O$),有氨的臭味。联氨易挥发、易燃、易爆、有毒,对眼睛有刺激作用,能引起延迟性发炎,对皮肤和黏膜也有刺激性作用。因此,在保存、输送和化验等方面,应特别注意。

①保存

联氨浓溶液应密封保存,大批的联氨应保存在专用的仓库中。靠近联氨浓溶液的地方不允许有明火。

②输送

搬运联氨时,工作人员应配备胶皮手套和护目镜等防护用品。在操作联氨的地方,应有良好的通风条件和水源。

③化验

对联氨进行化验,不允许用嘴吸移液管来吸取含有联氨的溶液。

2)氨水的注意事项

氨(NH_3)在常温下是一种具有刺激性气味的气体,易溶于水,其水溶液呈碱性,分子式NH_3 H_2O。氨水受热或见光易分解,极易挥发出氨气。具有弱碱性,有一定的腐蚀作用,碳化氨水的腐蚀性更强。氨水的挥发性、刺激性和不稳定性对人体的健康有极大的伤害,所以在保存、输送和化验等方面,应注意防护措施。

(2)加药系统的操作

1)加药系统启动

①检查化学加药系统各设备、管道、阀门等有无泄漏。

②检查化学加药系统阀位是否正常,防止计量泵打闷泵,确保系统正常运行。

③检查溶液箱液位是否正常,定期检查溶液箱的液位,出现液位偏低时,应及时配制。

④在控制室远程启动或就地启动加药泵。

⑤根据汽水品质参数来手动或自动调整计量泵的流量调节旋钮,使计量泵的出口流量达到要求。

⑥计量泵启动后应检查泵出口压力大于加药点的压力,确保药液能加入给水或炉水中。

⑦加药系统启动后,应对系统进行全面的检查,确保系统无跑、冒、滴、漏现象;检查泵及电机的温度、振动、声音是否正常,确保计量泵和电机等处于正常运行状态。

2)加药系统的停止

①确认已不需要加药,在控制室远程或就地手动停运加药计量泵。如远程停运加药计量泵,停泵后需到就地确认计量泵已处于停止状态。

②停泵后及时关闭计量泵进/出口阀。

③如果加药系统长期停运,需将主电源断开,确保计量泵不会误动;放尽管道内残余药品,管道用水冲洗后放干,防止剩余药液结晶析出或固体杂质堵塞管道。

(3)计量泵故障处理

计量泵膜片、泵头、球阀球座任何一处造成漏气则无法达到输送目的或流量异常,常见故障有:

①球座与球阀密封不严。

②入口、出口异物阻塞。

③膜片破损。

(4)加药计量泵流量的调节方式

加药计量泵的流量调节方式常用的有柱塞行程调节、泵速调节、行程和泵速组合调节三种,其中行程调节的方式应用最广泛。

①行程调节方式

A.停泵时手动调节:在泵停运时改变调节装置位移,以间接改变曲柄半径,达到调节行程长度的目的。

B.运转中手动调节:在运转时手动调节计量泵的行程。

C.运转中自动调节:常见的有气动控制和电动控制两种。气动控制是通过改变气源压力信号达到自动调节行程的目的;电动控制是通过改变电信号达到自动调节行程的目的。

②泵速调节是指计量泵在自动程控加药运行状态下,计量泵根据程序的设定值与实测值的差值来自动改变电机频率,通过频率的改变使计量泵的泵速也发生改变,从而达到控制加药量的目地。

4.4 选择性催化还原(SCR)系统

燃气轮机燃烧过程中产生氮氧化物(NO_x, 主要为 NO 和 NO_2)。NO_x 在合适的气象条件下,与空气中的水蒸汽结合形成硝酸,去除烟气中 NO_x 的过程也称为烟气脱硝。工业应用中采用较多的是选择性催化还原烟气脱硝技术,简称 SCR(Selective Catalytic Reduction)脱硝技术。

随着国家对大气环境控制标准的不断提高,燃烧清洁能源的燃气轮机联合循环机组也面临日益严峻的环保压力,脱硝已成为新建、改扩建电厂必须考虑的重要问题。作为一种成熟、先进的脱硝技术,SCR 系统在燃气轮机联合循环机组上得到了很好的应用。SCR 系统是一套安装在余热锅炉炉膛内的独立设备,本节简要介绍其原理、工艺流程及操作要点。

4.4.1 SCR 脱硝原理

目前常用的脱硝技术主要分为两大类:一类是采用控制燃烧的方式,如低 NO_x 燃烧器等,另一类是对燃烧后生成的 NO_x 进行脱除,主要有 SCR(Selective Catalytic Reduction)法和 SNCR(Selective non-Catalytic Reduction)法。对于联合循环机组,氮氧化物燃烧控制是在燃气轮机中完成的,为满足更苛刻的环境保护要求,可在余热锅炉中进一步脱除燃烧控制后剩余的氮氧化物。一般采用选择性催化还原烟气脱硝技术,即 SCR 脱硝技术。

SCR(选择性催化还原)技术是指在催化剂和氧气存在的条件下,在一定的温度范围内,还原剂(如氨、CO 或碳氢化合物等)有选择的把烟气中的 NO_x 还原为无毒、无污染的 N_2 和 H_2O,

以减少 NO_x 排放。因为整个反应具有选择性和需要催化剂存在,故称之为选择性催化还原反应。目前SCR是国际上技术最成熟、应用最广泛的烟气脱硝技术,脱硝效率可达到80%~90%。

SCR系统可选择的还原剂的原料主要有氨水、液氨和尿素,所有反应剂的有效成分都是 NH_3。液氨(纯氨)可以直接通过蒸发形成 NH_3,氨水和尿素需分解才能制备得到 NH_3,并产生水和二氧化碳等副产物。因液氨不易运输和储存,目前在电厂SCR系统应用较多的还原剂主要是氨水和尿素。以 NH_3 为还原剂的SCR反应如下:

$4NH_3+4NO+O_2 \rightarrow 4N_2+6H_2O$ (1)

$4NH_3+2NO_2+O_2 \rightarrow 3N_2+6H_2O$ (2)

上面第一个反应是主要反应,烟气中几乎95%的氮氧化物是以NO形式存在的。SCR脱硝的反应原理如图4.12所示。

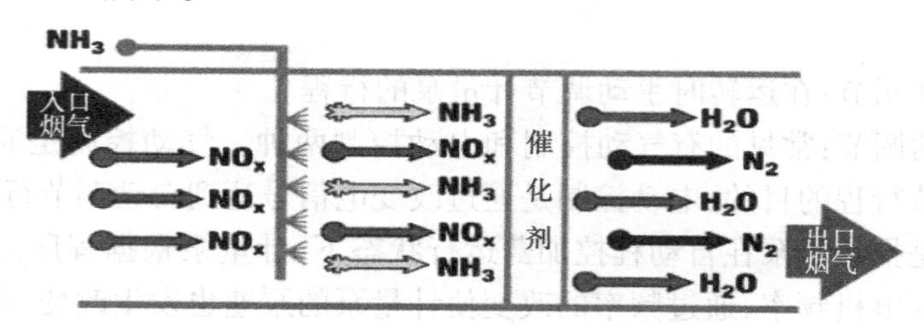

图4.12 SCR脱硝基本原理图

在上述反应中,催化剂起着关键作用。在工程应用中,根据所使用催化剂的反应温度,可将其分为高温催化剂、中温催化剂、低温催化剂三种。一般来说,高温大于400 ℃,中温为300~400 ℃,低温小于300 ℃,最低能在80~150 ℃工作。目前国内外SCR系统普遍采用高温催化剂,其工作温度在280~420 ℃,因此SCR系统安装在余热锅炉的高温段,低温SCR技术还处于实验研究阶段。

利用尿素制备氨气需要专门的设备将尿素转化为氨,再输送至SCR反应器中。尿素制氨的主要方法有水解法和热解法两种,目前国内电厂较多使用的是热解法。尿素热解制氨是以尿素水溶液作为还原剂,经稀释后的尿素溶液在一定温度和一定压力的分解室里分解成异氰胺和氨气,异氰胺再分解成氨气和二氧化碳。反应机理如下:

$CO(NH_2)_2 \rightarrow NH_3+HNCO$ (3)

$HNCO+H_2O \rightarrow NH_3+CO_2$ (4)

分解出来的 NH_3 和烟气中的氮氧化物反应见反应式(1)(2)。

4.4.2 SCR系统组成及流程

采用氨水和尿素作为还原剂时,SCR系统的组成和流程有所差别;主要差别在于还原剂的储备和供应,而氨气进入烟道后的工艺流程是一样的。

以氨水作为还原剂时,余热锅炉SCR脱硝系统可分为两个部分,余热锅炉烟气系统和还原剂供应系统。烟气系统由高温蒸发器、喷氨格栅(Ammonia Injection Grid,AIG)、催化剂等组成;而还原剂供应系统由运氨槽车、氨水卸载泵、氨水储罐、氨水计量泵等组成。

氨水由罐装卡车运输,通过卸氨泵输送至氨罐储存。氨水在注入SCR系统之前由加氨泵加压并和压缩空气一起进行雾化,雾化后的氨水和烟道中抽送来的烟气在氨气蒸发器中混合,加热后蒸发汽化;汽化的氨通过设置在适当位置的喷氨格栅喷入 SCR 反应器上游的烟气中。氨气与烟气充分混合后在催化剂的作用下发生化学反应,将 NO_x 还原成氮气和水。以氨水作为还原剂的 SCR 系统工艺流程如图 4.13(a)所示。

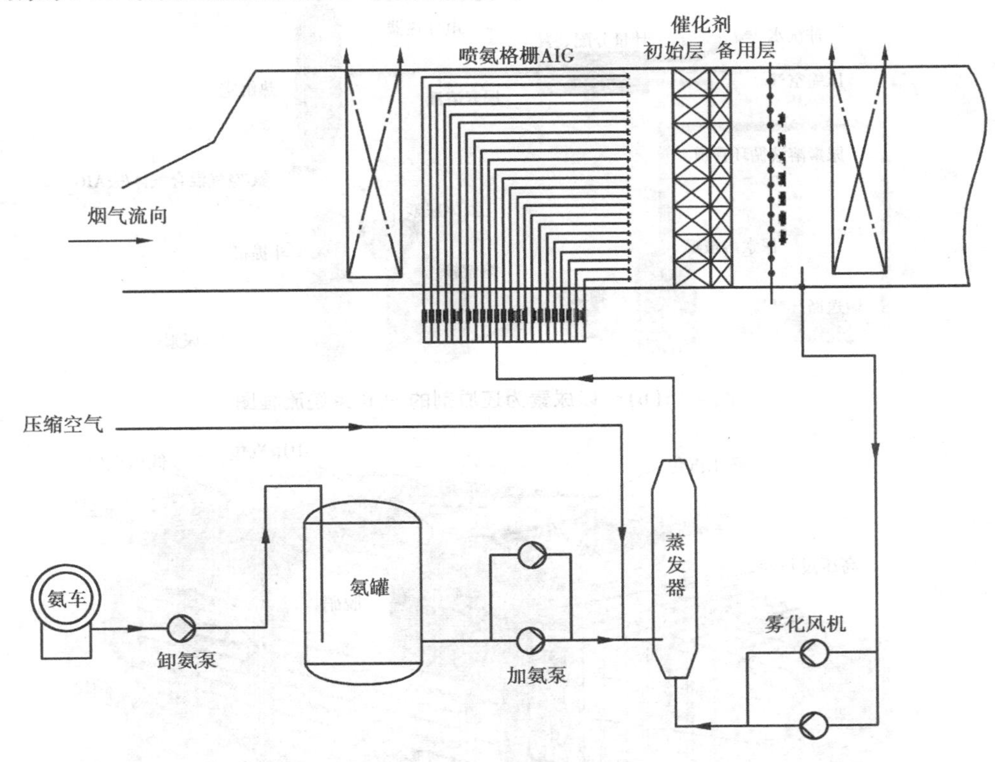

图 4.13(a)　以氨水为还原剂的 SCR 系统工艺流程图

以尿素作为还原剂时,SCR 系统由烟气系统和尿素热解制氨系统组成。其中烟气系统同样由高温蒸发器、喷氨格栅、催化剂等组成。尿素热解制氨系统一般由尿素储备间、斗提机、尿素溶解罐和储罐、给料泵、尿素溶液循环传输装置、电加热器、计量分配装置、绝热分解室(内含喷射器)、控制装置等设备组成。

固体尿素颗粒储存于尿素储备间,由斗提机输送到溶解罐里,用去离子水将干尿素溶解成尿素溶液,通过尿素溶液输送泵输送到尿素溶液储罐。尿素溶液依次经由循环传输装置、计量分配装置、雾化喷嘴后以雾化状态被雾化风机抽取来的高温烟气(或加热空气)一起进入绝热分解室内高温下分解,生成 NH_3、H_2O 和 CO_2,分解产物通过氨气喷射格栅喷入反应器前端烟道,低浓度的氨气进入烟道与烟气混合后进入 SCR 反应器,在催化剂的作用下将氮氧化物还原成无害的氮气和水。以尿素作为还原剂的 SCR 系统流程如图 4.13(b)所示。

SCR 系统在卧式余热锅炉中布置在高压蒸发器受热面和高压省煤器受热面之间。SCR 系统在烟道内的设备包括喷氨格栅、催化反应器和净烟气测量格栅三部分。为使氨气与烟气充分混合,喷氨格栅安装在催化反应器的上游。催化反应器放在余热锅炉脱硝烟道的支撑钢架上,初始催化剂层装好后,留好备用催化剂层安装空间。在催化反应器下游设置净烟气测量格栅以测量 NO_x浓度,根据测量结果来控制 AIG 喷氨流量。SCR 系统在卧式余热锅炉的布置如图 4.14 所示。

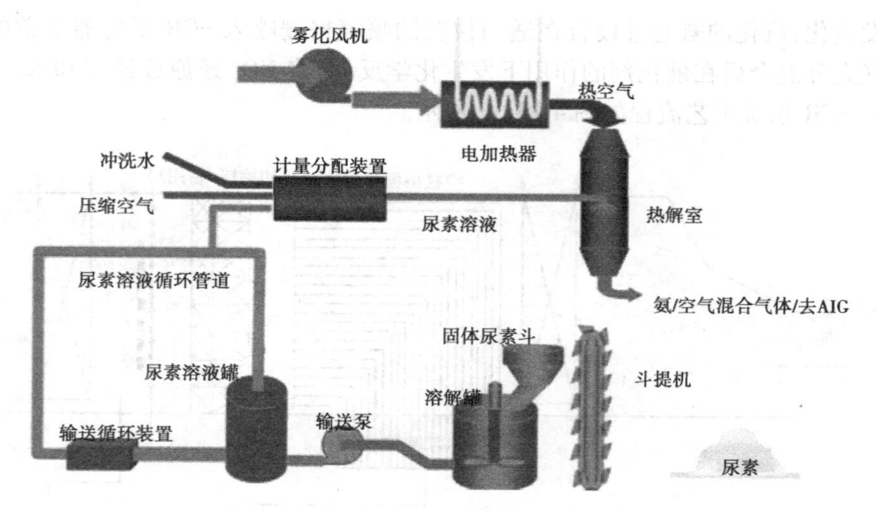

图 4.13(b) 以尿素为还原剂的 SCR 系统流程图

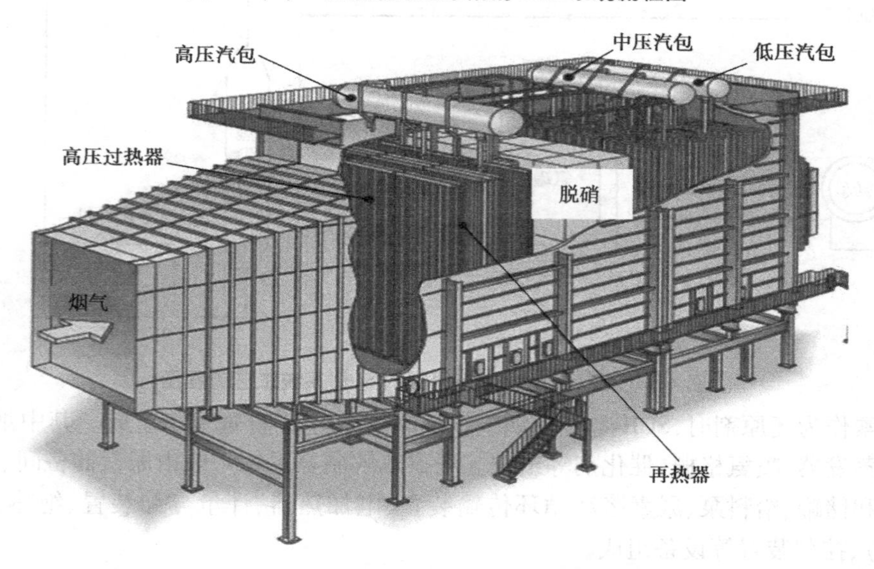

图 4.14 SCR 系统在卧式余热锅炉的布置

SCR 系统在立式余热锅炉的布置位置详见图 2.15，SCR 系统在卧式和在立式余热锅炉的布置方式基本一样，只是水平布置和垂直布置的区别。

4.4.3 SCR 系统主设备介绍

本节介绍 SCR 系统的主要设备——喷氨格栅和催化剂反应器。

(1)喷氨格栅(AIG)

喷氨格栅(AIG)是脱硝装置的重要核心部件，其作用是将喷入烟道内的氨气与烟气均匀混合，达到最佳的脱硝效果。其功能包括两部分：一是氨气的注入；二是注入的氨气与烟气混合均匀。

喷氨格栅主要采用三种形式。

第一种为配合涡流式静态混合器使用的喷射技术，喷嘴个数和静态混合器的片数一样，总量一般只有几个，因此喷嘴直径会很大，如图 4.15 所示。

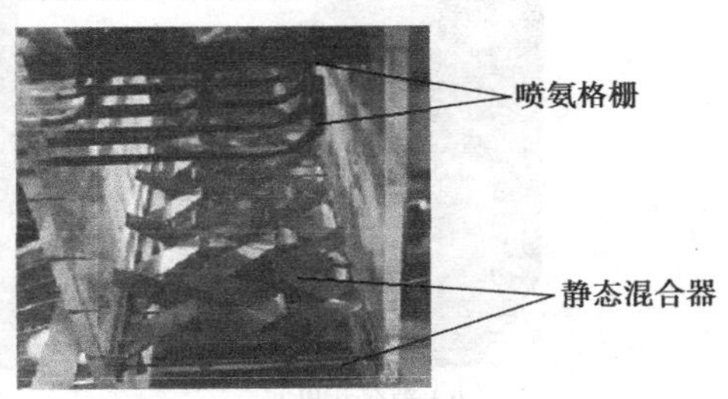

图 4.15　配合静态混合器的喷氨格栅

第二种为线性控制式喷氨格栅，沿着烟道的两个相互垂直方向或者其中一个方向分别引若干根管子，每根管子上又设置若干喷嘴，每根管子的流量可以单独调节，以匹配烟气中 NO_x 的含量，如图 4.16 所示。

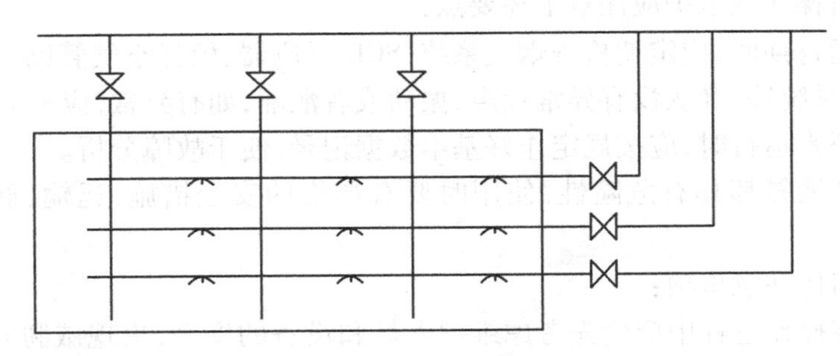

图 4.16　线性控制式喷氨格栅示意图

第三种为分区控制式喷氨格栅，将烟道截面分成 20~50 个大小不同的控制区域，每个区域有若干喷射孔，每个分区流量单独可调，以匹配 NO_x 的浓度分布，如图 4.17 所示。

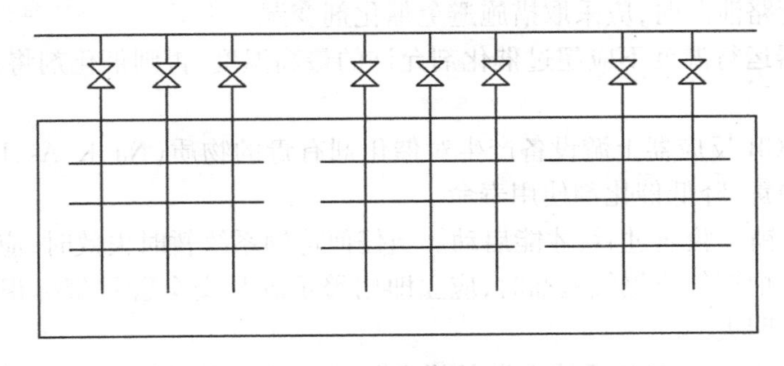

图 4.17　分区控制式喷氨格栅

(2)催化剂反应器

催化剂反应器是 SCR 装置的核心部件，用于承载催化剂，为脱硝反应提供空间，同时确保烟气流动顺畅、气流分布均匀。催化反应器由一定数量的催化剂模块组成。若干片催化剂元件组成一个催化剂单元，再由若干催化剂单元组合在一起，加上外框构成一个催化剂模块。催化剂按结构分类可分为平板式、波纹式、蜂窝式。目前应用较多的是平板式和蜂窝式。催化剂结构形式如图 4.18 所示。

(a) 蜂窝式单元

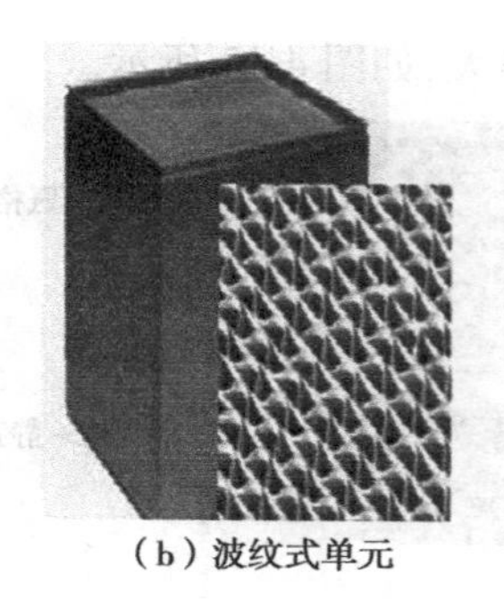

(b) 波纹式单元

(c) 平板式单元

图 4.18　催化剂结构形式

4.4.4　SCR 系统运行操作及维护

SCR 系统运行操作及维护应注意下述要点：

①SCR 系统运行期间，应定期检查烟气系统、SCR 反应器、稀释空气管路、NH_3蒸发器与管路系统、压缩空气系统等，确认没有异常噪声、振动或者泄漏，如有异常，应采取适当措施处理。

②SCR 系统正常运行时，应按规定作好基本数据记录，便于故障分析。

③由于氨水和液氨都具有危险性，使用时要有严格的安全措施，运输、储存时需要特别注意。

④SCR 系统启停注意事项：

A.SCR 系统在操作过程中应优先考虑维护人员和设备的安全，出现威胁安全和安全运行状态的情况时，应采取适当措施。

B.余热锅炉冷态启动时，SCR 反应器入口烟气温度低于水的露点温度(50~60 ℃)的时间越短越好。

C.余热锅炉管路泄漏时，应采取措施避免催化剂变湿。

D.SCR 反应器运行温度不应超过催化剂允许的最高温度，否则催化剂将永久地失去活性，影响催化剂性能。

E.尽量避免 SCR 反应器上游设备产生对催化剂有毒的物质(Na、K、As、Pt、Pd、Rh 等)，否则将导致催化剂中毒，降低催化剂使用寿命。

F.SCR 系统连锁试验通过后，才能启动。当任何连锁系统暂时失效时，应增加监视频率。

G.发现余热锅炉烟气或氨气泄漏时，应立即用警示牌和安全警示带标识危险区域并熄灭危险区域内的所有明火。

H.应尽量避免或减少 SCR 系统上游的设备携带或产生的油雾、易燃气体、烟灰进入反应器内。

4.5　烟气连续在线监测系统

烟气连续在线监测系统(Continuous Emission Monitoring System，简称 CEMS)用于燃气轮机排气中污染物的连续监测，监测颗粒物的浓度、二氧化硫浓度、氮氧化物浓度、氧气含量、烟气温度、烟气压力、烟气流速等参数，并可根据需要增加一氧化碳、二氧化碳、湿度等参数的在线监测。监测数据按要求实时传送至环保部门监控网络。目前最新的国家标准对燃气轮机排气污染物排放浓度极限规定如表4.1所示。

表4.1　电厂大气污染物排放浓度限值表

序号	燃料和热能转化设施类型	污染物项目	适用条件	限值（$mg \cdot m^{-3}$）	污染物排放监测位置
1	以气体为燃料的燃气轮机组	烟尘	天然气燃气轮机组	5	烟囱或烟道
		二氧化硫	天然气燃气轮机组	35	
		氮氧化物（以 NO_2 计）	天然气燃气轮机组	50	
2	以气体为燃料的燃气轮机组	烟气黑度（林格曼黑度，级）	全部	1	烟囱排放口

注：(1)自2014年7月1日起，现有的燃气轮机组执行表4.1规定的烟尘、二氧化硫、氮氧化物和烟气黑度排放限值。

(2)自2012年1月1日起，新建的燃气轮机组执行表4.1规定的烟尘、二氧化氮、氮氧化物和烟气黑度排放限值。

(3)表4.1来源于中华人民共和国国家标准GB 13223—2011。

4.5.1　烟气连续在线监测系统组成及流程

烟气连续在线监测系统由控制机柜（主机柜）、样气处理机柜（副机柜）、温压流变送机柜（温压流分析仪）、颗粒物分析仪、样气采样枪、空气压缩机、吹扫气过滤系统等组成。烟气连续在线监测系统流程如图4.19所示。

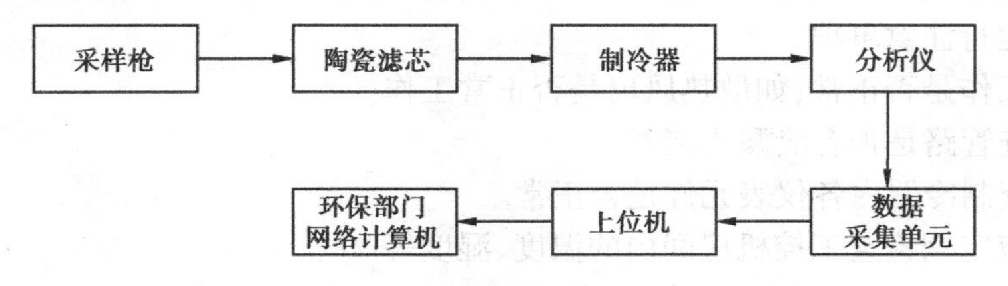

图4.19　烟气在线监测系统流程

烟气连续在线监测系统通过安装在烟道或烟囱上的采样枪抽取烟气，经过采样枪上的陶瓷滤芯进行初级过滤，滤去5 μm以上的烟尘，由伴热管引到制冷器进行冷却除水，经过二次过滤后将所采集的烟气按要求的流量引入分析仪，对烟气中的 SO_2、NO_x、及 O_2 进行测量。测量结果经数据采集单元传输给上位机，上位机将采集到的数据通过网络与当地环保部门环保监控网络连接，环保部门实时监测电厂排放情况。

4.5.2　烟气连续在线监测系统主设备

烟气连续在线监测系统主设备包括主机柜、副机柜等。

(1)主机柜

主机柜是烟气连续在线监测系统的处理和控制中心，完成烟气分析、数据处理、系统控制、数据显示、数据通信等功能。主要由五部分组成：

①显示器。

②工控机。

③气路及控制盘。

④标气。

⑤多组份或单组份气体分析仪。

多组份气体分析仪包括颗粒物分析仪、温压流分析仪、氧化锆分析仪、二氧化硫分析仪、氮氧化物分析仪。颗粒物分析仪用于在线监测烟尘浓度或颗粒物浓度,温压流分析仪用于在线监测烟气的流速、温度、压力和流量。氧化锆分析仪用于在线监测烟气的含氧量。

(2)副机柜(样气预处理系统)

副机柜的主要任务是完成样气的预处理,使进入分析仪的样气符合相关要求。副机柜主要由三部分组成:

①制冷器:完成样气的除水和降温。

②伴热温控系统:控制伴热管的加热温度。

③气路系统:完成样气的采集、过滤、限流等。

空气压缩机为整个系统提供工作气源。主要为粉尘、皮托管、采样枪提供反吹气体。

4.5.3 烟气连续在线监测系统的运行维护

烟气连续在线监测系统运行应监控空气压缩机、制冷器、工控机的运行状况。

①空气压缩机运行注意事项:

A.定期排放空气压缩机及气罐中的积水。

B.定期检查空气压缩机滤芯,确保进入压缩机中的空气洁净。

C.空气压缩机运行对环境要求较高,应确保通风及环境温度控制。

D.定期检查空气压缩机运行工况,如工作温度、压力等。

②制冷器运行注意事项:

A.制冷器工作是否正常,如散热风扇是否正常工作。

B.定期检查管路是否有泄漏或堵塞。

C.定期检查制冷器内各仪表元件是否正常。

③运行中应定期检查工控机房间内的温度、湿度等。

复习思考题

1. 余热锅炉连续排污和定期排污的目的是什么？排污管口一般装在何处？

2.余热锅炉定期排污时应注意什么问题？排污阀的操作次序是怎样的？为什么？

3.取样系统在投运前、投运时、停运时、样水调节及人工取样时注意事项有哪些？

4.加药系统中加入不同药品的目的是什么？

5.液压隔膜泵的工作原理是怎样的？

6.加药计量泵的流量调节方式有哪些？

7.SCR 系统为何安装在余热锅炉中？由哪些主要设备组成？

8.SCR 系统启动与停运时应注意哪些事项？

9.设置烟气连续在线监测系统的意义是什么？烟气连续在线监测系统由哪些部分组成？

第5章 余热锅炉启动

余热锅炉启动是指引入燃气轮机高温排气，加热工质产生合格蒸汽并达到额定参数值的过程。余热锅炉启动过程实质上是对高温厚壁承压部件的加热过程。若启动过程中控制不当，将产生较大的热应力，影响锅炉承压部件的寿命。启动过程应严格按照余热锅炉启动曲线，控制升温率和升压率，确保余热锅炉安全稳定运行。

余热锅炉启动方式与联合循环机组的配置、启动状态等有关，启动过程还受到各种不同的工艺限制。余热锅炉启动状态，可以根据高压汽包压力、高压汽包内水温、高压汽包上壁金属温度等，划分为冷态、温态和热态三种。

本文按照启动前余热锅炉高压汽包内水温的高低，将余热锅炉启动状态分为：

冷态启动：高压汽包内水温低于 100 ℃（即汽包内不是正压）。

温态启动：高压汽包内水温等于或低于基本负荷正常工作压力的饱和温度以下 55 ℃，但水温超过 100 ℃（即仍然保持正压），或温度在 180~350 ℃。

热态启动：高压汽包内水温已超过基本负荷正常工作压力的饱和温度以下 55 ℃。

余热锅炉的启动不仅需要考虑部件热应力和热变形的影响，还要在确保设备安全的前提下尽量缩短启动时间，需要根据机组状态制定合理启动方式。本章以某电厂 NG-M701F-R 型余热锅炉为例，介绍余热锅炉的启动条件、工艺限制以及三种启动状态下的操作注意事项、操作要点和典型操作。

需要特别注意的是，联合循环机组的配置。如机组单轴或分轴配置、旁路系统并联或串联布置等工艺因素，以及其他系统配置因素，都不同程度地影响启动操作。因此余热锅炉启动过程除受常规的工艺限制外（如汽包热应力限制），还受到因结构和系统设计配置不同而带来的外部工艺限制（如旁路系统配置）。

在本章 1.1 的工艺限制部分中，表述了启动过程中不同的工艺限制以及需要采取的安全措施，但由于各电厂设备和系统各不相同，本教材难以囊括所有内容和技术差别，读者可参照基本原则，举一反三。

5.1 启动前准备

余热锅炉系统布置、受热面结构、热力特性与运行方式等直接影响到余热锅炉启动操作，启动前必须充分了解其工艺限制，做好相关检查和准备，确认余热锅炉状态并做相应操作以满足启动要求。

5.1.1 启动必备条件

当燃气轮机/蒸汽轮机/发电机都具备启动操作条件时，才可以开始启动余热锅炉。应确认余热锅炉满足下列条件：

①余热锅炉控制系统工作正常。

②就地汽包水位计和变送器显示正常。

③调节阀门、电动阀门正常。

④烟囱挡板开关正常。

⑤化学加药系统正常。

⑥排污疏水系统正常。

⑦余热锅炉给水系统正常。

⑧压缩空气系统正常。

5.1.2 工艺限制与安全措施

余热锅炉启动受到的工艺限制，因系统设计配置的不同而有所差异。原则上，所有余热锅炉在启动过程中都受到汽包应力、汽包空间、蒸汽轮机旁路配置、中压并汽过程以及省煤器温度等工艺限制。电厂应在运行规程或运行作业指导书中定量化表述具体的工艺限制，并制订严格的、可操作的安全措施。

(1)汽包应力限制与安全措施

余热锅炉汽包在长期运行中必然受交变热应力的作用，热应力对汽包的损害也是长期存在的。启动过程中必须考虑汽包热应力的限制，将应力损伤控制在安全范围内。余热锅炉启动时要严格控制升温率、升压率，必须将汽包壁温差控制在规定范围内。

1)升压过程中汽包应力的产生与危害

余热锅炉启动过程中，汽包金属将出现三类应力：

①汽包上、下侧温差产生的应力

余热锅炉上水时，为了利于水位控制，一般汽包水位仅上至低水位，此时汽包上、下侧金属壁就会出现温差，但温差不大，由此产生的热应力也不大。随着余热锅炉启动，当汽包内的蒸汽温度高于汽包上部内壁的金属温度时，蒸汽即在其表面凝结，释放出凝结热，而汽包下部的换热方式为水对金属的放热，因蒸汽的凝结放热远强于炉水对金属壁面的放热，汽包温差不断加大并因此产生更大的应力。此时上侧受到压应力，下侧为拉应力，且均为轴向。因为汽包内压力较高，所以温差造成的应力具有较大的危害性。通常规定，汽包上下侧的温差值不得超过50 ℃。

②汽包内、外壁温差产生的应力

汽包内、外壁温差在汽包金属中产生轴向和切向应力。内壁承受压应力,外壁承受拉应力。

③汽包内压力产生的应力

压力产生的机械应力有切向、轴向和径向应力三种。

④汽包总应力

汽包总的应力监测以最大处应力为准。余热锅炉启动过程中,应力最大处在汽包的下侧外壁和上侧内壁。前者为两个拉应力叠加,后者是两个压应力叠加。

汽包总应力是升温速度和一些结构因素的复合,因此,在汽包结构确定之后,可以根据相关公式计算出锅炉启动过程中允许的最大升温(升压)速率。但实际情况复杂多变,例如汽包开孔、不规则的温度场分布、各种连接管受热后的膨胀不均匀等,因此,一般都会规定汽包的最大升温(升压)速率。若汽包上、下侧壁温差值较大,产生的附加热应力可能使汽包出现向下的弯曲变形。典型余热锅炉允许温升速率:高压部分低于 4.4 ℃/min、中压部分低于 9.3 ℃/min、低压部分低于 27.8 ℃/min。

2)启动过程中防止应力过大的安全措施

①启动时汽包壁温的监视

通常在汽包壁上安装若干组汽包温度测点。在监控温差时,应记录所有测点数值并计算汽包壁最大温差。通常控制系统设有汽包应力大报警,此报警出现时运行人员应加以重视。目前 F 级余热锅炉汽包上、下壁和内、外壁温差允许最大值均控制在 50 ℃以内。以 NG-M701F-R 型余热锅炉为例,高压汽包上下壁温差小于 40 ℃,中、低压汽包上下壁温差小于 50 ℃。实践证明,温差只要在此范围内,产生的附加温差热应力就不会造成汽包损坏。因此,在升压过程中,运行人员应严密监视壁温变化。若温差过大,应查找原因并根据设备情况采取相应的措施,确保温差不超过规定值。

②防止温差过大的措施

A.防止汽包壁温差过大的根本措施是严格控制温升速度,尤其在低压阶段。在低参数的启动阶段,蒸汽体积流量大,升压快,蒸汽对汽包上部内壁加热更剧烈,产生的温差更大。若汽包壁温差过大,应减慢升压速度或暂停升压。

B.采用同步启动的联合循环机组,燃气轮机按照启动曲线启动,一般情况下不需要干预,可通过调节旁路阀、启动放气阀、疏水阀控制升压率,特殊情况下可以退出 ALR(Automatic Load Regulation 自动负荷调节),将燃气轮机暖机负荷适当下调。

C.升压初期应尽量控制压力,避免产生大幅波动。在低压阶段,压力波动时饱和温度的变动率大,导致温差较大。

D.尽快建立正常水循环。在锅炉尚未建立正常水循环之前,水与金属的接触传热较弱,汽包上、下壁温差大。水循环正常后,汽包中的水流扰动增加,炉水与汽包壁面传热加强,上、下壁温差减小。

(2)汽包空间限制与安全措施

为了适应快速启动,余热锅炉的汽包空间相对较小,储热能力较小。在锅炉最大连续出力下,余热锅炉水位从正常水位到低低水位所能维持的时间较短,如 NG-M701F-R 型余热锅炉高压汽包为 2.1 min,中压和低压汽包为 5.04 min。

当外界负荷变化时，汽包内水位变化较剧烈，增加了启炉过程中汽包水位控制的难度。高水位运行可能会造成过热器损坏，甚至危及蒸汽轮机安全运行；水位过低会造成管子干烧。

在升压过程中，余热锅炉经历多种工况，如燃气轮机负荷变化、蒸汽压力和蒸汽温度逐渐升高、蒸汽流量改变、排污放水、中压并汽、蒸汽轮机侧旁路阀动作等。这些工况变化都会对汽包水位产生不同程度的影响，若调控不当可能引起锅炉水位事故。

在启动升压初期，炉水逐渐受热升温汽化，炉水体积膨胀，汽包水位逐渐升高。特别是冷态启动过程中，汽包内的炉水接近饱和温度时，应加强对汽包水位的监视，防止水位过高。可通过余热锅炉放水等措施，保持汽包水位正常。

在升压过程中期，蒸汽温度、蒸汽压力逐渐加速升高。蒸汽产量加大，应注意及时增加给水量，以防水位下降过快。特别是高压给水系统，主给水管管径大，不容易控制给水量，一般用给水旁路调节阀控制进水，当满足主、旁路切换条件时才进行切换。

在升压过程后期，蒸汽轮机旁路阀动作或蒸汽轮机进汽时，在旁路阀突然动作瞬间，蒸汽量剧增，汽包内蒸汽压力迅速降低，汽包水位快速升高，产生严重的“虚假水位”。在旁路阀开启前，应将汽包水位控制在较低位置，并适当减少给水或适当进行汽包排污放水，待水位稳定后，再调整给水量。

(3)蒸汽轮机旁路配置方式

在启动过程中通过旁路系统可以加快启动速度，改善启动条件，利于工质的回收，控制锅炉升温升压速度，使蒸汽参数与汽缸金属温度相匹配，从而提高机组运行的安全性和灵活性；在机组异常情况下，旁路阀快关功能可保护凝汽器。

F级机组的旁路系统有两种配置方式：一级并联大旁路配置和两级串联旁路配置。不同旁路配置方式，旁路系统动作时对余热锅炉系统的影响不尽相同，对余热锅炉启动过程构成不同的外部工艺限制。

采用一级并联大旁路配置的机组，冷、温态启动时，因高、中压旁路之间互不干扰，余热锅炉高、中、低压系统各自升温升压，满足蒸汽轮机进汽条件的时间短。但启动初期再热器没有蒸汽流过，再热器处于干烧状态，在启动时必须严格控制燃气轮机的负荷及升负荷率。在热态启动时会延长启动时间，且燃气轮机不能单独带满负荷运行。

采用两级串联旁路配置的机组，避免了再热器干烧，提高了设备的安全性。当机组启动和甩负荷时，高压旁路排汽和中压过热蒸汽混合后经再热器、中压旁路排至凝汽器，再热器中一直有蒸汽流过。机组启动时，可以先对再热器的进出口管进行充分的暖管和疏水，减少再热管道的热应力和寿命损耗，而且启动过程中再热蒸汽参数能较快满足进汽要求，加快启动速度。

在机组冷态和温态启动时，因高、中压系统共用一个旁路，锅炉中压系统升温升压缓慢，启动过程中会出现高压和中压抢排汽现象，阻滞了中压系统的升温。当高、中压缸联合启动时，高、中压缸必须同时进汽，机组进汽操作比较困难，启动时间较长。

另旁路系统保护动作时，高、中压旁路阀必须联动，导致锅炉的高、中压蒸汽系统之间也会互相影响。如中压旁路快关，需要高压旁路快关，或者高压旁路快开，也需中压旁路快开。启动过程中应特别关注旁路系统动作对中压水位的影响。串联旁路配置方式的影响主要体现在：

1)高、中压缸进汽时高、中压旁路动作产生虚假水位

高、中压缸进汽时，高压旁路阀动作导致中压系统压力迅速变化，中压旁路阀随之动作，中

压汽包水位频繁波动。高压缸进汽时，进入旁路的高压过热蒸汽量减少，高压旁路阀关小，中压旁路内蒸汽压力降低，引起中压汽包内水位上升，从而出现虚假水位。随着中压汽包水位的上升，中压给水调节阀将关小至零开度，随着高压进汽调节阀开度暂时稳定，中压汽包内压力上升，水位开始下降，再次出现虚假水位现象。在高压旁路阀未全关前，每一次高压旁路阀的动作，均会对中压汽包水位产生较大的影响，所以在此过程中必须加强监控并进行相应调节。

2)ICV/HPCV(中压主蒸汽调节阀/高压主蒸汽调节阀)动作对中压汽包水位的影响

ICV/HPCV 起始开度大也将对中压汽包水位产生较大影响。ICV/HPCV 达到条件全开时，开阀速度太快，导致中压水位较快上升，随后高、中压旁路阀快速全关，导致中压水位较快下降。

蒸汽轮机 HPCV、ICV、LPCV(低压主蒸汽调节阀)及高、中压旁路动作时造成的虚假水位容易导致跳炉，故启动过程中运行人员要有一个预判的过程，若上述阀门开启时间和旁路动作时间相近，水位波动幅度就会很大，可将给水调节阀切换成手动模式调节汽包水位。

(4)中压并汽过程限制

中压过热蒸汽与冷再热蒸汽并汽过程中，冷再热蒸汽参数受高压旁路及中压旁路等因素影响，变化快速频繁。自动并汽过程中，冷再热蒸汽参数变化影响中压系统参数，造成中压汽包虚假水位，水位波动幅度大，影响机组的调节特性，对机组的安全运行造成威胁。如图5.1所示，中压并汽阀组在下列两种情况下动作可能引起中压汽包的虚假水位：

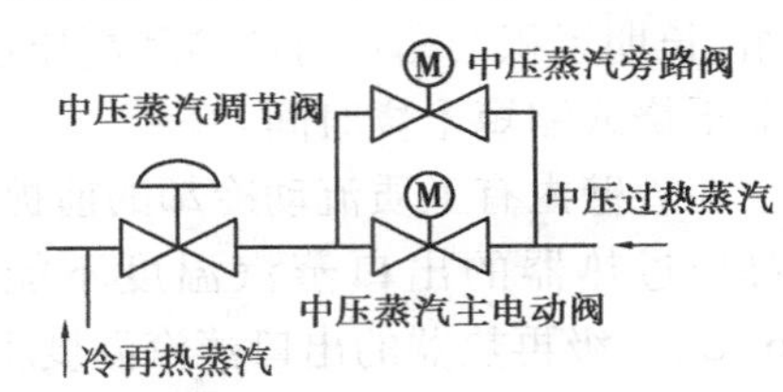

图5.1　中压并汽阀组示意图

①在中压过热蒸汽出口旁路电动阀全关情况下，开启中压过热蒸汽出口调节阀到30%开度，中压汽包水位会快速上升，产生虚假水位。

主要原因是调节阀开启30%开度是跳跃性开启，直接从0%开至30%开度，没有设定速率变化限制；调节阀在极短时间内迅速开到位，导致中压压力迅速变化，从而引起虚假水位。

②在中压过热蒸汽出口调节阀30%开度情况下，中压过热蒸汽主电动阀开启，中压汽包同样会产生虚假水位。

由于中压过热蒸汽出口主路管径和旁路管径相差较大，且开启时中压过热蒸汽压力和再热蒸汽压力相差也较大，在中压过热蒸汽出口调节阀30%开度情况下，打开中压过热蒸汽主电动阀，必然导致中压系统压力迅速变化，从而产生虚假水位。

根据余热锅炉不同的启动状态，可在启动前适当减小中压过热蒸汽出口调节阀初始开度。一方面确保再热器有蒸汽流过，防止再热器干烧；另一方面高压旁路开启时，对倒灌中压系统的蒸汽进行截流，减弱中压系统受高、中压旁路阀动作的影响。启动过程中还可以通过改变中压汽包紧急放水阀、中压汽包定期排污阀、中压蒸发器排污阀动作条件，确保启机过程中中压汽包水位平稳、可控，待余热锅炉稳定运行后，再将上述阀门的动作条件恢复。

(5)省煤器温度

启动过程中余热锅炉不需要补水或少量进水时，省煤器内局部可能发生汽化，形成汽塞，管壁可能局部超温；间断进水时，省煤器内水温也随之变化，省煤器管壁金属随之产生交变应力。

已投产余热锅炉多选用沸腾式省煤器，允许少部分(10%~15%)水汽化，但长时间运行也将造成管壁损坏。受热面采用竖式布置的卧式余热锅炉，在省煤器弯管段易发生汽塞；受热面采用水平布置的立式余热锅炉，省煤器水平管段易出现汽水分层现象。

为减小省煤器内汽化影响，通常将给水调节阀设置在省煤器出口与汽包之间，也可设置再循环方式来保护省煤器。利用调节阀控制省煤器出口与汽包之间的压差，使省煤器出口水压下饱和温度远大于汽包饱和温度，确保在省煤器出口水温达到汽包饱和温度时，仍远低于省煤器出口的饱和温度，省煤器不会产生汽化，但会造成省煤器内憋压，压力超出了正常运行的压力。

在启动过程中，要求不能全关省煤器出口与汽包之间给水调节阀，应保持一定的开度，维持省煤器的水流动，将可能生成的蒸汽带走，防止省煤器在启动中受到损伤，保护省煤器。

无论哪一种配置，在操作上均应注意省煤器出口温度的限制，采取合理的措施来减轻省煤器汽化，避免局部超温和管道水击。

(6)高温段受热面壁温

余热锅炉再热器和高压过热器处于炉膛高温部位，启动过程中若无蒸汽进入再热器和高压过热器进行冷却，则处于干烧状态。管材在正常烟温下(590 ℃左右)热强度高、抗热疲劳性能好，具备一定抗干烧能力，但其抗氧化性能较差。干烧会加快管材的氧化速度，对于日启停机组，长期累积会缩短再热器和高压过热器的寿命，启动过程中应尽可能避免再热器和高压过热器干烧或缩短干烧时间。

在管壁内有工质流动冷却的前提下，一级高压过热器的蒸汽出口温度不能超过 518 ℃，二级高压过热器的出口蒸汽温度不能超过 585 ℃。一级再热器的出口蒸汽温度不能超过 566 ℃，二级再热器的出口蒸汽温度不能超过 585 ℃。

余热锅炉启动过程中，过热器靠新蒸汽冷却，但从燃气轮机点火到余热锅炉尚未产生蒸汽前，过热器无蒸汽冷却，其壁温会很快接近流过的烟气温度。为了防止管壁金属超温，应限制进入过热器的烟温，不得高于过热器管壁最大允许温度。正常运行时，过热器管内有蒸汽对其进行冷却，金属管壁不会超温。

(7)机组轴系配置方式

联合循环发电机组轴系配置方式分单轴配置和分轴配置，单轴配置分燃气轮机与蒸汽轮机刚性联轴器连接和燃气轮机与蒸汽轮机 3S 离合器连接两种。刚性连接的单轴机组采用同步启动方式，分轴机组和带 3S 离合器的单轴机组采用顺序启动方式。机组配置方式不同，主要影响整个联合循环机组启动的灵活性和启动时间，对余热锅炉启动操作限制较小。

采用同步启动方式的机组，蒸汽轮机与燃气轮机转速同步上升，启动过程中，蒸汽参数达到进汽条件即可送往蒸汽轮机做功。在蒸汽轮机高、中、低压汽缸进汽时，蒸汽压力和温度较高，应注意蒸汽轮机各系统调节阀开启速度对余热锅炉各系统水位的影响，需要严密监视并作好预调，确保汽包水位稳定。

采用顺序启动方式的机组，余热锅炉和蒸汽轮机可采用相对灵活的联合启动方式，蒸汽轮机从盘车转速到空载转速，暖管及冲转受余热锅炉蒸汽参数影响较大。低参数时蒸汽即可进入蒸汽轮机，余热锅炉水位波动相对较小，但应注意控制各系统蒸汽温度与蒸汽轮机金属部件的温差、蒸汽过热度，确保与其良好匹配。

5.1.3　启动前检查与准备

启动前应对余热锅炉设备作全面检查，了解设备状况，确认所有设备完好并处于备用状态。启动前的检查工作一般可按炉内设备状态、炉外设备状态、汽水管道、转动机械、控制系统等进行确认。

(1)启动前检查

启动前检查的主要内容：

①新安装或维修后的机组，确认余热锅炉安装或维修完毕后，已经通过整体水压试验和其他各项试验。

②新安装或维修后的机组，确认从燃气轮机排气口到余热锅炉烟囱出口烟道内无易燃物或杂物存在。所有的门、孔都已关闭和密封。烟道壳体的密封性良好，保温层和内护板完整良好。各处膨胀节密封良好，膨胀不受阻。各限位、导向装置、膨胀指示器已正确安装且不受阻。

③新安装或维修后的机组，安装和检修工作已完成并验收合格，所有安全阀都已按照要求整定完毕，辅机类的轴承都已正确地加入润滑油、油脂，冷却水管路正确安装，并有可靠的水循环。

④确认余热锅炉平台等通道畅通无阻。

⑤全体运行人员就位，各岗位之间联络畅通。

⑥所有控制装置的电源或气源均处于可用状态，并确定无碍启动。

⑦调节阀、烟囱挡板等装置的调整与动作试验已经完成。

⑧确认加药系统处于可用状态。

⑨确认取样装置处于可用状态。

⑩确认冷却水系统处于可用状态。

⑪确认润滑油系统处于可用状态。

⑫确认所有阀门及管路系统已处于可用状态。

⑬所有监视仪表(如压力表、温度表、流量表、水位表等)已投入。

⑭所有给水泵、低压再循环泵等设备均已试运行合格，具备启动条件，明确将要启动和备用的设备，并确保给水泵的再循环旁路畅通。

⑮为低压再循环泵的出口调节阀设定一定的开度。

⑯按照启动阀位检查表要求，确认各系统阀门均处于正常状态。

⑰各控制盘上的指示灯工作正常。

(2)余热锅炉上水

检查确认各部分符合启动条件后，可进行余热锅炉启炉前上水操作。

1)检修后低压给水系统上水

余热锅炉检修后处于空炉状态，低压省煤器处于空管状态，此时上水除需考虑水质要求外，还需冲洗低压省煤器。由于给水调节阀设置在低压省煤器出口处，低压省煤器入口处只有低压主给水电动阀，这种情况下，凝结水泵启动后，需通过控制低压主给水电动阀开度来调节给水流量。若自动开启低压主给水电动阀，可能导致凝结水泵出口的流量过大，凝汽器水位急剧下降，凝汽器低低水位跳凝结水泵，凝结水泵出口压力过低联动备用泵，泵电机严重过流等情况。

按照下面步骤启泵上水：

①确认凝结水水质合格，低压给水系统已满足上水要求。

②就地确认低压主给水电动阀已关闭，打开低压省煤器排空气阀，打开低压给水调节阀20%左右开度，打开低压启动放气阀。

③检查凝结水系统，并启动凝结水泵，开启泵出口阀。

④运行人员就地微开启低压主给水电动阀给低压省煤器进水，需要监控凝结水泵出口流量，维持一定流量即可，若流量下降，可要求就地继续开大低压主给水电动阀，直至全开。

⑤可从以下情况判断低压省煤器是否灌满水：

A.各放气阀有连续水流冒出。

B.低压主给水电动阀后低压给水压力加上高度差等于凝结水泵出口压力。

C.凝结水泵给水再循环调节阀已开启。

⑥如果检修周期长，需要打开低压省煤器底部排污阀进行冲洗，直至水质合格。

⑦由于水位过低，给水调节阀会强制进入手动模式，通过 DCS 手动控制低压给水调节阀开度，运行人员就地观察水位，投运水位计及变送器。

⑧低压汽包上水至启动水位后，上水结束，关闭低压给水调节阀。

2）机组日启停模式下低压给水系统上水

①若启炉前凝结水泵停运，必须确保低压主给水电动阀关闭，启动凝结水泵后再开启。若停机后不破坏真空，凝结水泵不停运，低压主给水电动阀保持开启状态。

②启动凝结水泵，低压汽包上水，调整低压汽包水位至启动水位（参考值：-300～-250 mm），并维持稳定。

③开启低压省煤器再循环流量调节阀一定开度，启动低压省煤器再循环泵，开启出口阀，运行正常后再循环流量调节阀投自动控制。由于凝结水温度过低（35 ℃左右），而低压省煤器内水温一般在 110 ℃左右，如果直接上水，将造成低压省煤器温差过大，造成过大的热应力。

3）高、中压系统上水

将低压汽包水位上至 0 mm 左右，启动高、中压给水泵给高、中压系统上水。如果高、中压系统检修后首次上水，一般先将高、中压汽包上满水，技术人员就地观察，冲洗投运变送器，结束后放水至正常启动水位。对于日启停的余热锅炉，可按下列步骤进行高、中压系统上水操作：

①检查高、中压给水泵至低压汽包的再循环手动阀处于开位，低压汽包至高、中压给水泵出口总阀处于开位，启动高、中压给水泵。

②中压汽包上水至启动水位（参考值：-200～-150 mm），并维持稳定。

③打开再热蒸汽减温水管路的隔离阀和疏水阀，对再热蒸汽减温水管路充水，一定时间（约 1 min）后关闭。

④高压汽包上水至启动水位（参考值：-300～-250 mm），并维持稳定。

⑤打开高压过热蒸汽减温水管路的隔离阀和疏水阀，对过热蒸汽减温水管路充水，一定时间（约 1 min）后关闭。

5.2　余热锅炉的启动

余热锅炉启动期间温升速度越大，受热部件产生的热应力越大，如控制不当则会加重疲劳损伤程度，缩短余热锅炉寿命。为确保余热锅炉安全、快速启动，运行人员应注意以下事项和要点。

5.2.1　启动过程注意事项

为确保余热锅炉在正常参数范围内运行，在启动过程中运行人员应熟悉下述相关注意事项。

(1)热膨胀监护

余热锅炉升压过程中温度持续升高，各部件热膨胀不断增加。新装或大修后的余热锅炉，必须严格监视汽包、联箱和管道的膨胀情况并做好记录。如有异常应控制升温升压速度，待查明原因并消除故障后方可继续升温升压。

启动过程中受热面的膨胀使集箱发生位移，受热均匀程度可以通过膨胀量加以监督。当受热面不能自由膨胀时，鳍片管易发生弯曲或损坏其他部件。

余热锅炉正常运行中应定期检查和记录膨胀指示值。启动过程中一般从升压初期到蒸汽轮机冲转、暖机、同步带负荷，直至余热锅炉带负荷到70%额定负荷，进行分段检查、记录，通常在余热锅炉升压初期检查、记录的间隔时间较短。

(2)汽包安全

启动过程中应监视汽包水位、温度和压力等，要求汽包不能超温和超压，水位不能过高或过低。

1)启动过程中水位控制注意事项

①余热锅炉冷态启动过程中，炉水接近饱和温度时，应加强对汽包水位的监视，防止水位过高。

②启动过程中，当过热器和再热器疏水阀、排空阀及蒸汽轮机旁路阀动作时，可能会出现虚假水位，应注意汽包水位的变化趋势。

③启动过程中汽包水位控制模式由单冲量切换到三冲量，应注意控制模式的自动切换过程，并监视切换时的水位变化。

④高压给水旁路调节阀和主电动阀切换时应注意汽包水位的变化。

⑤在整个启动过程中，应严格监视高、中、低压汽包水位在正常范围内，防止水位波动过大。

⑥当汽包压力升至规定值时，逐个冲洗就地汽包水位计。

⑦定期排污时，应注意汽包水位的变化；排污结束后，检查排污阀应关闭严密。

2)升温率控制注意事项

燃气轮机开始增加负荷时，确保汽包升温率控制在规定值内。作为参考数据，NG-M701F-R型余热锅炉温升允许速率：高压部分低于4.4 ℃/min，中压部分低于9.3 ℃/min，低压部分低于27.8 ℃/min；高压汽包上下壁温差小于40 ℃，中压汽包上下壁温差小于50 ℃，低压汽包上下壁温差小于 50 ℃。

(3)高压过热器和再热器保护

高压过热器和再热器管束不宜长期处于干烧状态。燃气轮机排气温度超过 371 ℃时,应确保有蒸汽通过高压过热器和再热器管束以冷却管壁。

启动过程中应确保过热器管壁温度不得超过其使用材料的允许值,其联箱、管子等不产生过大的周期性热应力。蒸汽轮机旁路未投入前,各系统的启动放气阀必须保持一定的开度,余热锅炉产生的蒸汽可以对过热器和再热器进行冷却。

(4)中压并汽

余热锅炉中压并汽过程应注意以下操作事项:

①燃气轮机启动点火后,开中压过热蒸汽旁路电动阀。中压过热蒸汽出口调节阀开启一定开度(参考值:5%)。

②中压并汽旁路电动阀全开后,延时开启中压过热蒸汽主路电动阀。旁路电动阀开启后延时开启主路电动阀的目的是对电动阀与调节阀之间的管道进行暖管和充压,缓解主路电动阀开启时对调节阀的冲击。

③主路电动阀全开后,中压过热蒸汽出口调节阀按预先设定速率开到设定值(参考值:20%),并维持一定时间,其目的是:

A.对再热器进行暖管。

B.在高压旁路阀未开前,确保再热器有蒸汽流过,防止再热器干烧。

C.高压旁路阀开启时,对倒灌中压系统的蒸汽进行截流,减弱中压系统受高压旁路动作的影响。

D.防止高压旁路阀关闭时,再热器卸压过快。

E.防止中压系统超压。

F.机组升到一定负荷后,中压过热蒸汽调节阀按照阀前后压力自动调整,直至全开。

(5)省煤器保护

①启动过程中严格控制省煤器出口压力

对于低压和中压给水调节阀都设置在省煤器出口的余热锅炉,在启动过程中,若汽包上水,给水调节阀全关情况下,省煤器内局部不会发生汽化,但中、低压省煤器出口压力可能远远超出了正常运行压力,需要关注安全阀动作情况,防止高压力事故的发生。

②在启动过程中,保持省煤器内汽水流动

在省煤器出口设置给水调节阀的余热锅炉,在启动过程中尽量不要全关,保持一定开度,将生成的蒸汽带走,维持省煤器的汽水流动,以保护省煤器。

省煤器进口设置给水调节阀并配置有再循环管路的余热锅炉,给水流量为零时,省煤器内可能发生汽化,要注意再循环阀是否自动开启。

(6)启炉前上水

余热锅炉上水前确认给水水质合格,在上水过程中要注意以下要点:

①注意给水与金属壁温差应小于规定值(典型参考值:55 ℃)。上水过程中,应掌握好上水速度并利用管道放气阀排尽管道内空气。如空气未排尽,水中含氧会腐蚀金属,管道内含空气还会导致管道振动,不利于循环泵的正常启动。

②初始上水,连续上水直到水位刚进入水位计的底部可观察范围或水位显示已超过了低

低水位时,采取间断放气法可更彻底排出管道内空气。注入系统的给水必须满足水温与管壁温差要求。

③上水过程中,应严密监视凝汽器水位、各汽包水位,避免各水泵断水。控制上水速度,特别是余热锅炉温态、热态启动时更应掌握好上水速度,避免产生较大温差。

④高、中、低压汽包水位达到启动水位时,上水结束,需检查确认汽水系统相关阀门状态是否正常。

表5.1为日启停余热锅炉启动水位参考表。

表5.1 汽包启动水位

项 目	设定值/mm
高压汽包水位	NWL-300~NWL-250
中压汽包水位	NWL-200~NWL-150
低压汽包水位	NWL-300~NWL-250

注:a.NWL为汽包正常运行水位,高压和中压汽包正常运行水位在汽包中心线下50 mm;低压汽包正常运行水位在汽包中心线上400 mm;

b.汽包启动水位的设定值为推荐值,可根据实际试运行的结果重新进行设定。

(7)蒸汽品质监督

启动过程中,随着蒸汽压力升高,蒸汽密度增大,其性质也愈接近于水,溶盐能力因而增强。余热锅炉中蒸汽溶解的盐分主要是硅酸(H_2SiO_3),其溶解量随着炉水中含盐量的增加和压力的增加而增多。

蒸汽溶盐严重影响蒸汽品质。硅酸随蒸汽带入蒸汽轮机后,随着蒸汽在蒸汽轮机中膨胀做功,蒸汽温度和压力逐渐降低,盐类以固态形式析出,沉积在蒸汽轮机低压通流部分,且难溶于水,严重时影响蒸汽轮机安全、经济运行。启动过程中,对炉水的含盐量应进行严格控制,并根据炉水含硅量限制余热锅炉的升温升压,排除高浓度含硅炉水(这个过程也称为洗硅),确保蒸汽含硅量在规定值(参考值:0.02 mg/L)以内。

5.2.2 冷态启动要点

冷态启动时,如果余热锅炉已充水一段时间,应考虑打开省煤器和蒸发器的疏水阀,直到排完沉渣。打开过热器和再热器疏水阀,排出所有冷凝水。

①启动给水泵并打开高、中、低压汽包上水阀,监视汽包水位并保持水位稳定,全开高、中、低压启动放气阀。

②按电厂规程调整任何必要的阀门位置。

③余热锅炉具备启动条件,燃气轮机可点火并带到最小负荷。

④监测高、中、低压汽包温度和水位,防止启动过程中膨胀水位超过高高水位。

炉水沸腾时表明蒸汽已经产生,汽包水位升高,会产生虚假水位。余热锅炉初次启动时,汽包水位应设定在正常水位以下200 mm处,必要时打开紧急放水阀、定期排污阀、蒸发器排污阀,手动降低水位。当汽包水位达到最高位并开始下降时,可将给水调节阀置于自动。

⑤注意高、中、低压汽包水位膨胀的先后顺序和时间,根据联合循环启动状态预判并作好

相应操作准备。

低压部分首先达到额定压力，然后是中压部分，最后是高压部分。达到沸腾的时间大概需要 10~45 min，由启动时的环境温度和燃气轮机的升负荷速度而定。

⑥适时关闭疏水阀和开启连续排污阀。

当高压和中压系统压力达到 0.07 MPa 以上，低压汽包达到 0.035 MPa 以上，或各系统蒸汽流量达到要求时，过热器的疏水阀可关闭。此时开始给汽包补水，可以打开连续排污阀。

⑦燃气轮机带负荷和启动排放阀开度的调整应按照保持温升率进行。

⑧确认减温器按规定值自动投入和退出，若有异常及时手动干预。

减温器隔离阀应在达到规定值时开启和关闭，NG-M701F-R 型余热锅炉规定，蒸汽出力温度达到基本负荷的 25%时开启，以确保有足够的蒸汽热量能把减温水蒸发。必须确保减温后的蒸汽出口温度高于饱和温度 13.9 ℃，因为在蒸汽饱和温度状态下喷水会导致蒸汽带水。

⑨连续排污量应在汽包给水量相对稳定后再设定。

⑩余热锅炉进入稳定运行后，检查整台余热锅炉，确认余热锅炉蒸汽流量、压力、温度在正常范围内。

⑪初次启动时应注意各参数的变化情况，以便在以后的启动过程中加以改进和完善。

5.2.3 温态启动要点

温态启动时，为了将压力损失减小到最少，在燃气轮机排气温度未达到余热锅炉高压汽包内饱和水温时，先不开启动排放阀和过热器疏水阀。因为燃气轮机点火以前要完成余热锅炉 5 倍容积的空气吹扫，冷却空气可将过热器和再热器内滞留的蒸汽冷凝。

①检查汽包水位报警系统的功能和每个汽包的水位，启动给水泵并打开高压、中压和低压的给水截止阀，按照电厂的运行规程调整阀门的位置。

②确认过热器和再热器内冷凝水排尽后，疏水阀自动关闭；确认启动排放阀开启。

燃气轮机点火后，将升速到空载全速，在此过程中，当排气温度达到余热锅炉高压汽包内饱和水温时，将过热器和再热器内的冷凝水排出（约 5~10 min），冷凝水排尽后，再关闭过热器和再热器疏水阀，同时开启动排放阀，其开度必须大于 10%。

③当过热器、再热器疏水阀和启动放气阀打开时，汽包内炉水可能会扩容，运行人员在启动期间需要密切观察汽包水位。

④根据启动条件，汽包压力可能随燃气轮机全速空载工况（FSNL）而降低，随着燃气轮机负荷的增加汽包内压力停止降低。

⑤此后重复冷态启动的⑧~⑪步操作要点。

5.2.4 热态启动要点

热态启动时应注意以下要点：

①参照温态启动①~⑤步操作要点。

②热态启动时，汽包水温没有上升速度限制，且允许近 55 ℃的瞬间温升而不损害余热锅炉，但是必须确保在锅炉进口烟温超过 371 ℃前有冷却蒸汽通过过热器和再热器。

③汽包水位快速上升，可能导致给水泵出口电动阀关闭，水位恢复正常后，又重新开启给水泵出口电动阀。在这个过程中可能会导致水位的大幅波动，在启动时应加以注意，如果自动

调整水位不及时,可采取手动调节。

④热态启动过程中,由于高压系统压力的影响,高压旁路和中压旁路投入时会相互影响,注意不要因旁路的快关或快开而引起水位的大幅波动甚至跳炉。

⑤由于高压汽包压力较高,可以考虑适当地将高压汽包和中压汽包的压力通过过热器、再热器疏水阀或者手动开旁路阀略微降低,有利于汽包水位的调整。

⑥中压汽包水位的波动可能会很剧烈,在启动过程中要控制好冷再蒸汽和中压过热蒸汽并汽时的并汽阀开度,避免水位大幅波动引起跳炉。

⑦此后重复冷态启动的⑧~⑪步操作要点。

5.3 启动典型实例

本节以 NG-M701F-R 的余热锅炉为实例,分别介绍冷态启动、热态启动和温态启动的操作步骤。

5.3.1 冷态启动操作步骤

①余热锅炉冲洗结束。检查汽包水位报警系统和设定点是否正常,打开过热器和再热器疏水电动阀,确保管道内空气和存水的排出。

②开启给水泵并打开高、中、低压汽包上水阀,监视汽包水位保持水位稳定,全开高、中、低压启动排气阀,打开所有蒸汽压力系统的疏水阀。

③高、中、低压启动排气阀必须打开,因为锅炉未起压,管道里充满空气,如果启动排气阀不打开,或打开时间过短,空气无法排尽,当蒸汽轮机旁路动作时,蒸汽轮机真空将迅速下降。只有当锅炉起压后且锅炉温升满足要求后才能关闭启动排气阀。

④按系统检查卡确认调整各阀门的位置,确认烟囱挡板已打开。

⑤确认锅炉已具备运行条件,此时燃气轮机可以开始启动。

⑥监测高、中、低压汽包的上下壁温差和水位、水温,当每一压力系统达到沸腾时汽包水位将会升高,产生虚假水位。故锅炉冷态启动时,汽包水位应设定在启动水位偏下值,必要时打开紧急放水阀和定期排污阀、蒸发器排污阀,手动降低水位,防止锅炉启动后因水位过高导致机组跳闸。

⑦锅炉启动后低压部分首先达到额定压力,然后是中压部分,最后是高压部分。达到沸腾的时间大概需要 10~45 min,由启动时的温度和燃气轮机的升负荷速度而定。达到额定负荷的时间由启动时的温度、燃气轮机负荷和锅炉具体的温度梯度变化率而定。

⑧启动过程中,高压和中压部分压力达到 0.07 MPa,低压汽包达到 0.035 MPa 时,可以将过热器的疏水电动阀关闭。在启动过程中需适当间断开启疏水阀,防止管道积水。

⑨当中压过热器出口压力大于 0.05 MPa 时,开启中压并汽旁路电动阀,在中压并汽旁路电动阀开启指令发出的同时,中压并汽调节阀投自动并设定开度为 5%,进行暖管。当中压并汽旁路电动阀全开后,如果中压水位正常(-250~-100 mm),打开并汽主路电动阀。当中压并汽主路电动阀全开后,中压并汽调节阀开度自动设定为 20%。当机组负荷大于 130 MW 后,中压并汽调节阀开度由并汽调节阀前后压力差自动控制,缓慢全开。

⑩燃气轮机带负荷和启动排气阀的调整应确保锅炉温升速度。启动排气阀在冷态启动时必须在燃气轮机点火时完全打开,在温升速度不可能超限时关闭。启动排气阀在任何情况下不得在开度10%以下运行。

⑪减温器隔离阀应在蒸汽流量达到额定流量的25%时才可以打开,减温器后蒸汽的过热度应高于13.9 ℃。

⑫燃气轮机升负荷时要控制锅炉参数不要超过上述有关参数的限制,达到满负荷的时间取决于燃气轮机升负荷的速率。

⑬锅炉升负荷过程中注意汽包水位单冲量与三冲量控制模式的切换。

⑭当锅炉进入稳定运行后,检查整台锅炉的运行状况。

⑮初次启动时应注意各参数的变化情况并详细记录,以便在以后的启动过程中加以改进和完善。特别注意各系统到达沸腾的时间和汽包水位波动到达的最高水位,据此确定初次上水的汽包启动水位。

5.3.2 温态启动操作步骤

①烟囱挡板门必须在燃气轮机启动前打开。

②为避免蒸汽管道产生热振动,要在启动的开始阶段预热下游蒸汽管道,并进行充分疏水。

③检查汽包水位报警和水位指示是否正常,开启给水泵并打开高压、中压和低压的给水截止阀,调节阀设自动模式。

④机组启动,燃气轮机点火后,当高压和中压部分压力不小于0.07 MPa,低压汽包不小于0.05 MPa时,按顺序逐个打开所有压力系统的过热器和再热器的疏水电动阀,对各过热器进行疏水,高、中、低压系统分别疏水约60 s、60 s、240 s后逐个关闭,结束疏水。机组空载满速之前,燃气轮机排气温度较低,对于锅炉来讲,此过程相当于冷却,各个压力系统必然会产生冷凝水,应充分疏水,否则锅炉会发生异响,严重时发生管道水冲击。

⑤当中压过热器出口压力大于0.05 MPa,开启中压并汽旁路电动阀,在中压并汽旁路电动阀开启指令发出的同时,中压并汽调节阀设自动并设定开度为5%,进行暖管。当中压并汽旁路电动阀全开后,如果中压水位正常(−250~−100 mm),打开并汽主路电动阀。当中压并汽主路电动阀全开后,中压并汽调节阀开度自动设定为20%。当机组负荷大于130 MW后,中压并汽调节阀开度由并汽调节阀前后压力差自动控制,缓慢全开。

⑥当过热器和再热器疏水时、启动排气阀打开时要密切观察汽包水位。

⑦汽包压力可能在燃气轮机空载满速工况下降低,此时应提高燃气轮机负荷直到汽包压力停止降低。

⑧减温器隔离阀应在蒸汽流量达到额定流量的25%且减温器后蒸汽的过热度大于13.9 ℃时打开,确认减温水调节阀设自动模式。

⑨增加燃气轮机负荷,调整启动排气阀以达到机组的额定负荷,同时观察高、中、低压汽包的温升速率不大于4.4 ℃/分钟、9.3 ℃/分钟、27.8 ℃/分钟。

⑩此后重复冷态启动的⑩~⑭步操作。

5.3.3　热态启动操作步骤

①烟囱挡板门必须在燃气轮机启动前打开。

②为避免蒸汽管道产生热振动,要在启动的开始阶段预热下游蒸汽管道。

③检查水位报警系统的功能和每个汽包的水位,启动给水泵并打开高压、中压和低压给水截止阀,按系统检查卡确认各阀门的状态。

④机组启动,燃气轮机点火后,当高压和中压汽包压力不小于 0.07 MPa,低压汽包压力不小于 0.05 MPa 时,按顺序逐个打开所有压力系统的过热器和再热器的疏水电动阀,对各过热器进行疏水,高、中、低压系统分别疏水 60 s、60 s、240 s 后逐个关闭,结束疏水。机组空载满速之前,燃气轮机排气温度较低,对于锅炉来讲,此过程相当于冷却,各个压力系统必然会产生冷凝水,应充分疏水,否则锅炉会发生异响,严重时发生管道水冲击。

⑤当过热器和再热器疏水电动阀打开时,炉水可能会扩容,产生虚假水位,因此在启动期间需要密切观察汽包水位,防止汽包满水。

⑥当中压过热器出口压力大于 0.05 MPa 时,开启中压并汽旁路电动阀,在中压并汽旁路电动阀开启指令发出的同时,中压并汽调节阀设自动并设定开度为 5%,进行暖管。当中压并汽旁路电动阀全开后,如果中压水位正常(-250~-100 mm),打开并汽主路电动阀。当中压并汽主路电动阀全开后,中压并汽调节阀开度自动设定为 20%。当机组负荷大于 130 MW 后,中压并汽调节阀开度由并汽调节阀前后压力差自动控制,缓慢全开。

⑦热启动时,锅炉汽包水温没有上升速度限制,且允许近 55 ℃/分钟的瞬间温升而不损害机组。但是,必须确保有冷却蒸汽在锅炉进口烟温超过 371 ℃前通过过热器和再热器。

⑧此后重复冷态启动的⑩~⑭步操作。

复习思考题

1.结合本厂实际谈谈余热锅炉启动必须具备哪些条件。

2.结合本厂的设备和系统,你觉得锅炉启动应该注意哪些工艺或技术限制,应该重点关注哪些安全措施。

3.结合本厂实际谈谈余热锅炉检修后应如何启动凝结水泵对低压汽包上水,有哪些注意事项。

4.余热锅炉冷态启动过程和温、热态启动过程的不同之处在哪里？有什么注意事项？

5.燃汽-蒸汽轮联合循环机组采用同步启动时,若启动前蒸汽轮机与余热锅炉状态不一致,启动中应注意哪些事项、采取什么措施？

6.结合本厂的设备和系统,谈谈余热锅炉启动过程影响中压汽包水位大幅波动的原因及调节手段。

7.余热锅炉启动过程中,如何避免中、低压省煤器超压？

8.简述限制余热锅炉升温率的意义。

第6章 余热锅炉运行调整

目前国内燃气-蒸汽轮机联合循环机组一般用于调峰，机组的启、停和负荷变动较为频繁。相对于常规锅炉，余热锅炉没有燃烧系统的调节，运行调整主要包括汽包水位、蒸汽温度、主蒸汽压力等重要参数的调整。另外，为了防止低压省煤器发生低温腐蚀，低压省煤器入口温度需要进行控制；为避免省煤器出口汽化，各压力等级省煤器出口温度也需要进行控制。省煤器温度的调节在余热锅炉蒸汽温度控制和调节一节中将会进行简单介绍。

6.1 余热锅炉运行调整任务

余热锅炉运行调整的主要参数包括过热蒸汽压力、过热蒸汽温度、再热蒸汽温度、汽包水位和余热锅炉蒸发量等。这些参数的变化不仅反映了余热锅炉运行的状态，而且在很大程度上影响电厂运行的安全性和经济性。

余热锅炉运行监视和调整的主要任务是：

①确保余热锅炉蒸发量，以满足外界负荷的需要。

②保持汽包的正常水位。

③保持正常的蒸汽压力和温度。

④保持合格的蒸汽品质。

⑤及时调整操作，消除各种异常、障碍和隐患，保持余热锅炉的正常运行。

⑥尽量减少厂用电消耗、热损失，提高余热锅炉效率。

为了完成上述任务，运行人员必须熟悉余热锅炉系统各设备的特性，以及各种影响运行的因素，掌握余热锅炉运行工况变化规律，提高实际操作技能。

6.2 余热锅炉水位控制与调节

余热锅炉运行中，汽包水位处于动态变化过程。影响水位变化的因素复杂，一般采用自动调节，使其稳定在规定值。余热锅炉给水调节的任务是使给水量适应余热锅炉的蒸发量，并且把汽包水位保持在正常范围内。

6.2.1　稳定水位的重要性

保持汽包正常水位是余热锅炉和蒸汽轮机安全运行的重要条件之一。余热锅炉运行过程中,如果对水位监视不严或操作不当,将会造成汽包水位过高或过低,严重影响蒸汽轮机和余热锅炉安全运行。

(1)水位高危害

水位过高,蒸发空间将缩小,会影响汽水分离效果,引起蒸汽带水,饱和蒸汽的湿度增加,含盐量增多,蒸汽品质恶化,容易造成过热器管壁和蒸汽轮机通流部分结垢,使过热器流通面积减小、热阻增大、管壁超温、甚至爆管。另外蒸汽湿度增大还会导致蒸汽轮机效率降低,轴向推力增大等。严重满水时过热蒸汽温度急剧下降,蒸汽管道产生水冲击,损坏蒸汽轮机叶片,造成严重的破坏性事故。

(2)水位低危害

水位过低,可能会破坏自然循环余热锅炉正常的水循环;会使强制循环余热锅炉的炉水循环泵入口汽化,泵组强烈振动,最终破坏余热锅炉的水循环。严重缺水而又处理不当时,相关受热面管壁温差变化过大,导致管材损伤,严重时导致爆管。

6.2.2　影响汽包水位变化的因素

余热锅炉运行中,汽包水位经常变化,引起水位变化的根本原因可归纳为两个方面:

①蒸发设备的物质平衡遭到破坏,即给水量与蒸发量不一致。

②工质状态发生了改变,如蒸汽压力变化引起工质比容改变和水容积中的含汽量变化。

以上任一方面的原因都能引起汽包水位发生变化,其变化的剧烈程度,与受扰动的程度有关。从上述两个方面归纳,运行中影响汽包水位变化的因素有给水量变化、蒸汽流量变化、燃气轮机负荷变化和汽包压力变化等。

(1)给水量变化对水位的影响

当蒸汽流量不改变时,水位高低与给水流量的变化直接相关。给水流量变化时,水位的响应曲线如图6.1所示,图中 W 为给水流量,H 为汽包水位,t 为时间变量。图中的曲线3表示了把汽包水位看作单容量无自平衡过程的响应过程。

但实际情况是,当给水流量 W 突然增加时,因为给水温度低于汽包内的饱和水温度,当给水进入汽包后吸收了饱和水中的一部分热量,使余热锅炉的蒸汽产量下降,水面以下的汽泡总体积也相应减小,导致水位 H 下降。图中的曲线2表示汽泡总体积对水位的影响。以上分别从两个角度进行了分析:一是仅从物质平衡角度来分析;二是仅从热平衡角度来分析。水位的实际响应曲线(即曲线3)是曲线1和曲线2的叠加。

正常运行中,影响给水量的是给水压力和调节阀开度。给水母管与汽包之间有压力差,给水靠此压力差流入汽包。如果汽包压力和给水调节阀的开度不变,给水压力增高时,给水量增大,水位升高;给水压力降低时,给水量减少,水位降低。同样,在给水母管与汽包之间压力差维持不变的情况下,调节阀开度增大时,给水量增大,水位升高;调节阀开度减小时,给水量减少,水位降低。因此,对于采用定速给水泵向余热锅炉供水的机组,改变给水调节阀的开度,即可改变给水量。为了减少调节阀的节流损失、减轻阀门的磨损,大容量余热锅炉广泛采用变速给水泵配置旁路调节阀的供水方式。采用这种方式供水时，调节给水泵的转速或调节阀的开度都可以改变给水量，针对余热锅炉不同工况，两种调节方式可相互切换。

(2)蒸汽流量变化对水位的影响

在蒸汽流量扰动作用下，水位的阶跃响应曲线如图6.2所示。当蒸汽流量突然增加，如果只从物质平衡的角度来看，蒸汽流量 D 大于给水量，改变了汽包内的物质平衡状态，汽包水位应下降，如图中曲线1。但实际情况并非如此，由于蒸汽轮机蒸汽流量增加，瞬间导致汽包压力的下降，汽包内水的沸腾突然加剧，燃气轮机负荷维持不变，汽包压力下降，使水面以下的汽泡膨胀，总体积增大，由于汽泡容积增加而使水位变化的曲线如图中的曲线2。水位的实际响应曲线(即曲线3)是曲线1和曲线2的叠加。

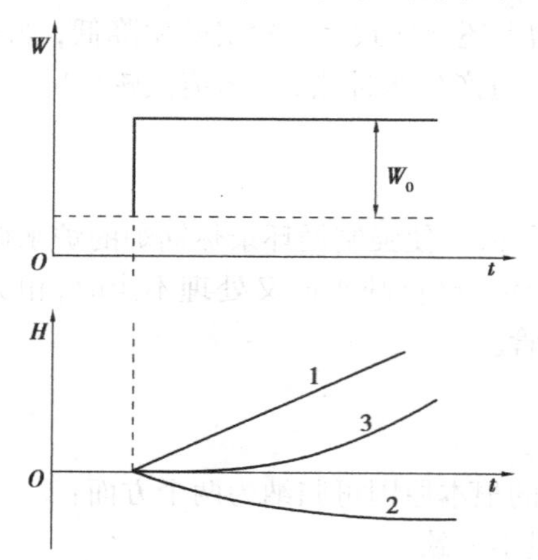

图6.1　给水扰动下的水位响应曲线

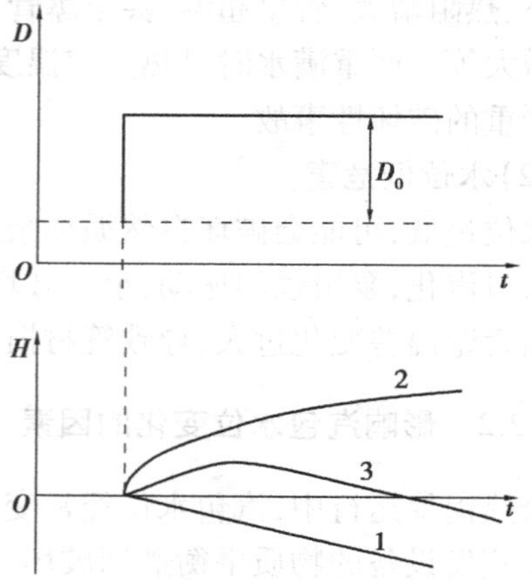

图6.2　蒸汽流量 D 阶跃扰动下的水位响应曲线

如果给水流量和燃气轮机负荷不改变，当蒸汽流量增加时，汽包压力突降，炉水饱和温度会下降，炉水放出大量热量，炉水中汽泡量增加，汽水混合物体积膨胀，促使水位快速上升，形成虚假水位；当蒸汽流量减少时，汽包压力突升，则相应的饱和温度提高，炉水中汽泡量减少，汽水混合物的体积收缩，促使水位快速下降，也会形成虚假水位。当蒸汽流量阶跃改变时，水面以下汽泡容积变化引起的水位变化是很快的，此时如给水量小或断水则汽包水位迅速下降。某F型卧式余热锅炉在最大连续出力情况下发生断水，汽包水位从正常水位到低水位所能维持的时间为：高压汽包2.10 min，中压汽包5.04 min，低压汽包5.04 min。

在机组运行过程中影响余热锅炉蒸发量的因素有蒸汽系统疏水、排污量、启动排气量、蒸汽轮机旁路阀开度的变化、热电联产机组的供热量等。运行人员在机组启停或运行过程涉及上述相关操作时，应对汽包水位即将发生的变化做好超前预见和调节。

(3)燃气轮机负荷变化对水位的影响

联合循环机组作为电网调峰机组，外界负荷变动频繁。负荷变动时机组负荷的响应是燃气轮机负荷先变动，余热锅炉蒸发量跟随燃气轮机负荷变动，蒸汽轮机滑压运行跟随余热锅炉蒸发量，当蒸汽轮机负荷变动后，燃气轮机负荷再适当变动，维持总体负荷不变。机组负荷波动，特别是大幅度波动时，运行人员对水位变化要做好预判和调整。在燃气轮机负荷扰动作用下，水位的响应曲线如图6.3所示。

当燃气轮机负荷 B 扰动时，必然会引起余热锅炉蒸发量的变化，燃气轮机负荷增加会使

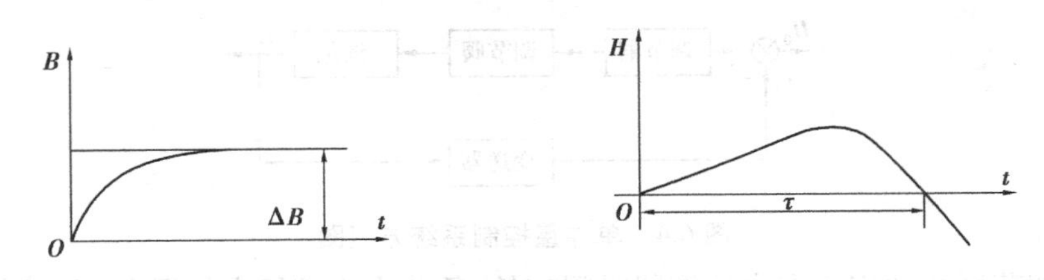

图6.3　燃气轮机负荷 B 扰动下的水位响应曲线

燃气轮机排气温度和烟气量增加,余热锅炉吸收更多的热量,蒸发量增加。联合循环机组蒸汽轮机一般采用滑压运行,蒸汽轮机进汽阀全开,一般不参与调节,因此汽包压力升高,蒸汽流量增加,蒸发量大于给水量,水位应该下降。随着汽包压力的升高,汽水混合物中汽泡的比例将减小,又使得汽水总容积下降;其次,在蒸汽压力升高时,汽的比容变小,水的比容变大,总的效果是汽水混合物的比容变化不大。所以在燃气轮机负荷扰动下,汽包水位也会因汽泡容积的增加水位而上升,因此会出现"虚假水位"现象,直到蒸发量与燃气轮机负荷相适应时,水位才开始下降。但是燃气轮机负荷 B 的增大只能使余热锅炉蒸发量缓慢增大,而且汽包压力是缓慢上升,将使汽泡体积减小。因而,燃气轮机负荷扰动下的虚假水位要缓和得多。

(4)汽包压力变化对水位的影响

蒸汽流量发生变化和燃气轮机负荷变化都引起汽包压力变化。此处简单阐述汽包压力变化对水位变化影响的机理。

汽包压力变化引起工质比容改变和水容积中的含汽量变化,当汽包压力增加时,汽包内水饱和温度升高,即沸点升高,蒸发量减少,减少水面下汽泡容积,水位呈下降趋势。反之,当汽包压力下降时,汽包内水的沸点降低,蒸发量增加,水面下汽泡容积增加,造成水位虚假上涨。

综上所述,余热锅炉汽包水位变化有如下两个特征:

①对于给水量变化,汽包水位响应过程具有滞后性且不会自平衡。

②对于蒸汽流量、燃气轮机负荷及汽包压力变化,汽包水位响应过程不但没有自平衡能力,而且会出现"虚假水位"现象。

配置不同的余热锅炉,汽包水位影响因素的具体表现方式、影响程度也不相同,运行人员应熟知本厂余热锅炉特性,作好调整的预见性。要对水位的变化进行较好的调节控制,除了要清楚影响水位变化的因素外,还要清楚控制系统水位调节的方法。

6.2.3　水位调节系统

控制系统中水位的调节,以汽包水位为被控变量,以调节给水流量为控制手段。同时,汽包水位不仅受余热锅炉侧的影响,也受到蒸汽轮机侧的影响,当蒸汽量变化时,给水控制应限制汽包水位在给定的范围内变化。水位的调节系统主要有单冲量调节系统、单级三冲量调节系统及串级三冲量调节系统。换言之,水位调节有三种调节方式,根据调节对象不同的动态特性,可采用不同的调节方式,余热锅炉水位控制系统可在不同的调节阶段采用不同的调节方式。所谓冲量,是指调节器接受的被调量信号。

(1)单冲量水位调节

单冲量水位调节系统是以汽包水位作为唯一控制信号,水位测量信号经变送器送到水位调节器,调节器根据汽包水位测量值 H 与给定值 H_0 的偏差,通过执行器去控制给水调节阀以改变给水流量,保持汽包水位在允许的范围内。单冲量调节系统如图6.4所示。

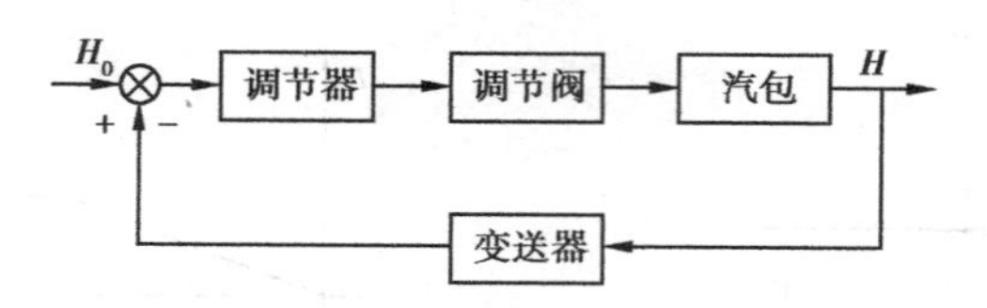

图 6.4　单冲量控制系统方框图

单冲量调节系统适用于在水位停留时间较长、负荷也比较稳定的场合,再配合联锁报警装置,也可以确保安全。但在水位停留时间较短,负荷变化较大的场合,不适合采用此调节系统。其原因为:

①负荷变化时产生的"虚假水位",将使调节器反向错误动作。余热锅炉负荷增大时控制系统反向关小给水调节阀,当虚假水位平缓后,水位严重下降,波动大,调节动态品质差。

②负荷变化时,控制作用缓慢。即使"虚假水位"现象不严重,从负荷变化到水位下降要有个过程,再由水位变化到调节阀动作已滞后一定时间。如果水位过程时间常数很小,则会偏差相当显著。

③给水系统出现扰动时,如给水泵的压力发生变化,进水流量立即变化,水位发生偏差,调节阀动作同样不够及时。

单冲量水位调节系统结构简单,在汽包容量比较大、水位在受到扰动后的反应速度比较慢、"虚假水位"现象不很严重的场合,采用单冲量水位调节能够满足要求。

(2)三冲量水位调节

目前余热锅炉向大容量高参数的方向发展,一般来讲余热锅炉容量越大,汽包的容水量相对越小,允许波动的储水量就更少。如果给水中断,可能在 10~20 s 内就会出现危险水位;若仅是给水量与蒸发量不相适应,在一分钟到几分钟内也将发生缺水或满水事故。因此,对水位控制提出了更高的要求。

为了平稳控制水位,此处引入由水位 H、蒸汽流量 D 和给水流量 W,组成三冲量汽包水位调节系统,三冲量调节系统又分单级三冲量和串级三冲量调节两种。在三冲量调节系统中汽包水位 H 是被调量,是主冲量信号,蒸汽流量 D、给水流量 W 是辅助冲量信号。单级三冲量水位调节系统如图 6.5 所示。

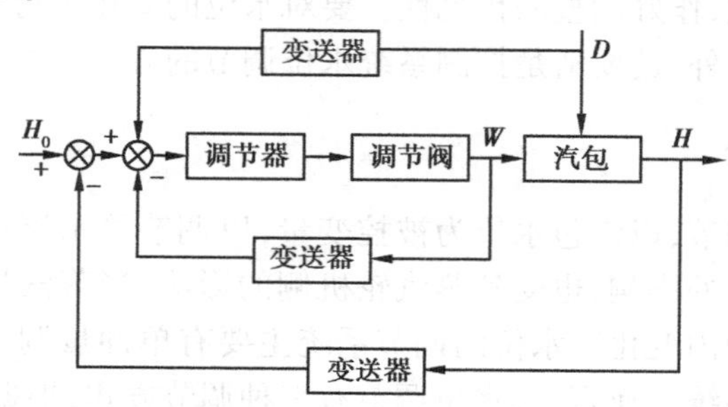

图 6.5　单级三冲量调节系统方框图

在单级三冲量水位调节中,通过调节回路的输出,控制给水调节阀的开度来控制给水流量。其中水位 H 是被控量,蒸汽流量 D 和给水流量 W 的变化是引起水位变化的原因,分别作为水位控制的前馈和反馈信号。当蒸汽流量改变时,调节器立即动作,适当地改变给水量,确保蒸汽流量和给水流量的比值,而当给水流量自身发生改变时,调节器也动作,使给水流量恢复原来的数值,有效控制水位的变化。当出现"虚假水位"时,由于采用了蒸汽流量信号,就有一个使给水流量和负荷相反方向变化的趋势。给水流量信号能消除自身流量自发的扰动,所以水位基本保持不变。

由于串级三冲量采用主、副调节器,两个调节器分工明确,整定相对容易,而且不要求稳态时的蒸汽流量和给水流量信号完全相等,这种调节方式在联合循环电厂应用较多。串级三冲量调节系统如图6.6所示。

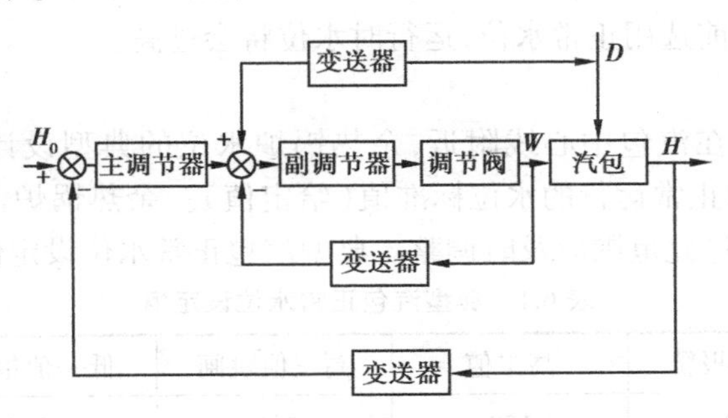

图6.6　串级三冲量调节系统方框图

在串级三冲量给水控制系统中,设有主调节器和副调节器。副调节器一般采用比例调节,主调节器接受水位信号 H(作为主控信号)去控制副调节器,副调节器除接受主调节信号外,还接受给水流量信号 W 和蒸汽流量信号 D,组成一个三冲量串级控制系统。其中副调节器的主要作用是通过内回路进行蒸汽流量和给水流量的比值调节,并快速消除来自给水侧的扰动。主调节器(PI)主要是通过副调节器对水位进行校正,使水位保持在给定值。

在余热锅炉启停过程或低负荷阶段,由于疏水和余热锅炉排污等影响,给水和蒸汽流量存在严重的不平衡,而且流量太小时,测量误差大,故在低负荷阶段,采用单冲量调节方式,使汽包水位信号直接作用于给水流量。当负荷达到一定值,疏水阀和排污阀都逐渐关闭,蒸汽流量和给水流量趋于平衡,流量逐渐增大,测量误差逐渐减少,这时可以采用三冲量调节方式对水位进行调节控制。

6.2.4　给水调节方式与给水系统配置

给水系统配置不同,给水调节方式也有差异。F级燃气轮机发电机组中余热锅炉给水系统一般有两种配置方式,具体配置情况可参见第3章相关内容。

1)高、中压给水泵分泵配置的给水调节方式

高压给水系统在机组启动过程中采用主路电动阀关闭、旁路调节阀调节水位的方法来控制高压汽包水位。给水旁路实现0%~40%给水流量调节,通过液力耦合器勺管实现30%~100%给水流量调节。中压和低压都采用定速泵,直接用节流阀门来控制汽包水位。

2)高、中压给水泵合泵配置的给水调节方式

高、中压给水泵合泵方式中,中间抽头供中压系统,泵出口供高压系统。高、中压给水系统调节相对复杂。低压给水泵采用定速泵,直接用节流阀门来控制汽包水位。

6.2.5　汽包水位的选定、监视与调整

运行人员应了解汽包启动水位、正常运行水位的选定原则及设定值,并在运行中注意监

视,采取必要、合理的调整手段来确保水位的稳定。

(1)汽包水位的选定

汽包水位的选定包括正常水位和启动水位。当余热锅炉启动时,选定的水位给定值要低于正常运行的水位值。这是因为汽包下部通过下降管与蒸发器相连接,蒸发器的位置又低于汽包,启动时蒸发器内充满水。启动后烟气流经蒸发器使水吸热,水温升高使水容积有所增加。有汽产生后,汽泡使水容积又增大,这部分增加的水容积将通过下降管转移到汽包,使汽包水位上升。如果启动前选用正常水位,运行时水位将会过高。

1)正常水位的选定

通常水位的正常值在汽包中心线附近,余热锅炉水位的典型设计值在汽包中心线以下50 mm处,此设计值作为正常运行的水位标准值(给定值)。余热锅炉汽包水位正常波动范围一般为±15 mm,水位超过此范围应及时调整。典型汽包正常水位设定值如表 6.1 所示。

表 6.1 典型汽包正常水位设定值

水位/mm	高一值报警	高二值	高三值跳闸	低一值报警	低二值跳闸
高压汽包	100	150	200	−280	−630
中压水位	100	150	200	−100	−350
低压水位	100	150	200	−400	−1 290

注:a.高压和中压汽包正常零水位 NWL 在汽包中心线下 50 mm ,低压汽包正常运行零水位 NWL 在汽包中心线上 400 mm。

b.其他值相对于汽包零水位。

2)启动水位的选定

启动水位选定值一般比最低允许水位给定值高 50 mm 左右。当余热锅炉在低负荷时,也采用较低的水位给定值。典型汽包启动水位设定值如表 6.2 所示。

表 6.2 典型汽包启动水位设定值

项　目	设定值/mm
高压汽包水位	NWL−300~NWL−250
中压汽包水位	NWL−200~NWL−150
低压汽包水位	NWL−300~NWL−250

注:a.NWL 为汽包正常运行水位,高压和中压汽包正常运行水位在汽包中心线下 50 mm;低压汽包正常运行水位在汽包中心线上 400 mm;

b.汽包启动水位的设定值为推荐值,可根据实际试运行的结果重新进行设定。

(2)水位的监视

汽包水位的高低是通过水位计来监视的。在余热锅炉中,为了确保汽包水位正常和监视的方便,汽包上一般装有就地水位计和远传水位计两类。就地水位计有云母双色水位计、磁翻板水位计等;远传水位计有电接点水位计、差压式水位计等,有的电厂还应用工业电视来监视汽包就地水位。运行中对水位的监视,原则上应以就地水位计为准。目前,由于现代余热锅炉的汽包水位都采用自动调节,同时远传水位计的准确性和可靠性已能满足运行的要求,而且安装的数量又多,同时配备高、低水位报警装置,所以除在启停炉过程中需有专人监视就地水位计外,正常运行中主要是根据仪表盘上的远传水位计来监视和调节汽包水位。

(3)汽包水位的调整

在基本负荷工况下,汽包水位波动较小,所以汽包水位的调节比较简单。汽包水位的控制调整可通过改变阀门开度(即改变给水管路阻力)的方法和采用改变给水泵转速(即改变给水泵压力)的方法,来改变给水量,进而控制汽包水位。汽包水位高时,关小给水调节阀或调低给水泵转速;汽包水位低时,开大给水调节阀或调高给水泵转速。汽包给水流量应与蒸发量保持平衡,以使汽包水位控制在正常的波动范围内。在运行中不允许中断余热锅炉给水。

余热锅炉运行时的水位调整应注意:

①只有在给水自动装置、水位计和水位报警信号完全正常的情况下,方可依据水位计的指示调节给水量,控制余热锅炉水位。

②运行中余热锅炉水位由给水调节阀根据三冲量自动进行调整,维持汽包水位在正常参数范围内。当给水调节阀投入自动运行时,仍须经常监视余热锅炉水位的变化,保持给水量变化平稳,避免调整幅度过大,并经常对照给水流量与蒸汽流量是否一致。若给水自动调节阀失灵或余热锅炉工况发生剧烈变化时,应迅速将给水自动调节模式解除,改为手动模式调整,并通知热工人员消除故障。

③在运行中应经常监视给水压力和给水温度的变化并及时作出相应的调整。

④在运行中应确定汽包就地水位计完整、指示正确、水位显示清晰易见、照明充足、DCS画面上汽包水位显示正常、摄像头显示汽包水位计清晰正常。为确保远传水位计的准确性,每班须对远传和就地水位计进行核对。如在运行检查中发现水位显示不清应及时冲洗。

⑤运行中如发现余热锅炉给水调节阀卡涩时,应及时手动开启给水调节旁路阀,以确保汽包水位在允许范围内波动。

⑥在燃气轮机升降负荷、余热锅炉定期排污、余热锅炉及蒸汽轮机侧疏水阀、旁路阀操作时,应对汽包水位即将发生的变化有所预见,并注意虚假水位现象的出现,作好超前调整。如出现虚假水位时,不宜立即调整,而要等到水位逐渐与给水量、蒸发量之间的平衡关系变化一致时再调整。例如,当负荷骤增,压力下降,水位突然升高时,不要减少给水量,而要等到水位开始下降时,再增加给水量。若虚假水位变化幅度很大,可能引起满水或严重缺水事故时,则应先减小或增大给水量,将水位恢复一些,然后再作相反的调整。

⑦运行人员应掌握水位变化的规律和给水调节阀的调节特性,操作阀门时要均匀、平稳,以防止水位波动过大。

6.2.6　典型给水调节和控制案例

不同电厂由于系统设计和设备配备不一样,给水调节和控制的方式会有所差别。本节以NG-M701F-R型余热锅炉的给水调节和控制为例,阐述从启动到正常运行过程水位控制调节以及运行监视的要点,读者可借此举一反三。

余热锅炉采用全程自动给水控制。全程自动给水控制是指从余热锅炉启动到正常运行,再到停炉的全过程,给水控制实现全程自动控制。

(1)汽水流程与水位调节

汽水总流程如图6.7所示,高、中、低压分系统流程图详见第3章汽水流程部分。

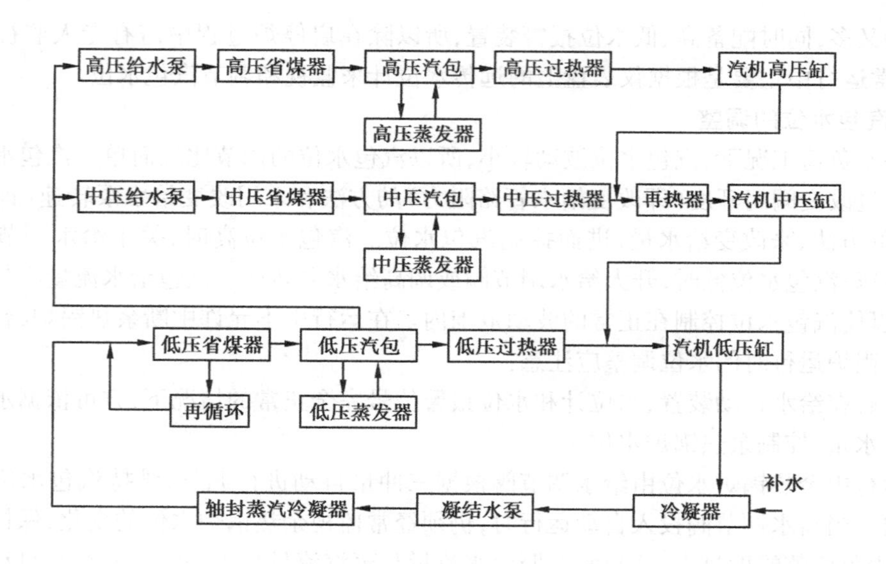

图 6.7　汽水总流程示意图

从汽水流程图可以看出，凝结水在经过低压省煤器之后进入低压汽包，一部分炉水直接加热为低压过热蒸汽进入蒸汽轮机低压缸，一部分炉水经过中压给水泵和高压给水泵分别进入中压和高压汽水系统，加热为中压过热蒸汽和高压过热蒸汽。该给水系统有三个压力等级，其中高压给水泵采用液力耦合泵，并配置有旁路调节阀，高压给水系统在机组启动过程中采用主路电动阀关闭、旁路调节阀进行调节水位的方法来控制高压汽包水位。中压和低压给水泵都采用定速泵，直接用节流阀来控制汽包水位。三个压力等级的水位控制都采用单/三冲量控制方式，利用各压力等级的蒸汽流量的大小来作为单/三冲量控制的切换条件。

(2)汽包水位设置

根据调试经验，由于炉水膨胀造成的虚假水位一般低于 300 mm，机组启动水位一般设置在中心线-350～-150 mm，汽包启动水位设置如表 6.3 所示。

表 6.3　汽包启动水位设定值

项　目	设定值/mm
高压汽包水位	NWL-300～NWL-250
中压汽包水位	NWL-200～NWL-150
低压汽包水位	NWL-300～NWL-250

注：a.NWL 为汽包正常运行水位，高压和中压汽包正常运行零水位在汽包中心线下 50 mm；低压汽包正常运行零水位在汽包中心线上 400 mm；

b.汽包启动水位的设定值为推荐值，可根据实际试运行的结果重新进行设定。

同时将汽包启动水位作为汽包水位控制的初始设定值，在机组点火之后再将汽包水位设定值按照一定速率缓慢增加至零水位，整个过程汽包水位的控制相对平稳，不会因为汽包水位的膨胀而使水位波动加剧，有利于整个启动过程。

(3)高、中、低压汽包水位控制

1)高压汽包水位控制

高压汽包具有蒸发量大、压力高、在不同负荷下给水流量变化大的特点,如果采用单一定速泵搭配调节阀,通过调节阀的开度控制给水流量,给水调节阀节流会造成较大的能量损耗,高压水流对调节阀阀芯冲刷和损坏也比较严重。所以给水采用变速泵、主给水电动阀和给水旁路调节阀组合形式。

高压给水采用两段式给水控制方式,根据负荷划分,主要分为两个工况:

机组启动过程中负荷低于20%(在主蒸汽流量小于60 t/h以下)运行阶段时,由于给水量和蒸汽流量较小,节流式流量计在小流量测量时的流量偏差较大,热力系统汽水流量难以平衡,所以给水系统采用单冲量调节系统更为可靠。高压主给水电动阀全关,给水泵采用压力控制系统,调节给水旁路阀前后的压力差为恒定值,由给水旁路阀调节汽包水位。此阶段,蒸汽流量低,给水旁路有足够的调节能力满足给水要求。采用此方式,确保给水泵工作在安全范围内,保持给水泵出口压力和给水流量的相对稳定。所以在此阶段,通过旁路调节阀开度控制流量,通过勺管开度控制给水泵出口压力。

机组在高负荷运行阶段,负荷高于20%(主蒸汽流量大于60 t/h以上)时,控制方式由单冲量控制切换到三冲量控制,如果流量测量信号出现坏质量,自动切回单冲量调节系统。此时,主给水电动阀全开,给水旁路调节阀全关,系统无节流损失,通过高压给水泵勺管开度来改变给水泵的转速,从而调节给水流量来控制汽包水位。

机组在高低负荷时呈现不同的动态特性,采用给水主/旁路配合完成,由此产生了两套控制装置的无扰切换问题。单轴联合循环机组采用机炉联启方式,在机组温热态时,由于余热锅炉保温保压效果良好,启动前高压系统压力较高,超过蒸汽轮机旁路阀最小压力设定值。在机组启动初期,蒸汽轮机旁路阀调节为确保最小压力进行卸压,高压旁路阀快速的打开和关闭使得高压汽包水位波动很大,同时高压旁路阀的开关引起高压蒸汽流量的变化,使得高压给水主/旁路来回切换,高压水位的调节在单冲量和三冲量之间来回切换,造成高压汽包水位急剧变化。此时运行人员只能通过手动干预,如果处置不当,容易造成跳机。因为正常情况下机组在未并网之前,燃气轮机负荷不高,余热锅炉蒸汽流量不会达到切换值,所以可在给水主/旁路切换条件中添加机组并网信号,同时对汽包水位采取变参数控制,在热态情况下放缓PID调节过程,防止控制过程出现振荡。

2)中压汽包水位控制

中压汽包蒸发量不大,汽包压力较高,容积较小,随负荷波动时给水流量变化大。采用定速泵搭配调节阀的控制方式,通过调节阀的开度控制给水流量,实现水位控制。

根据负荷变化,进行给水调节系统单/三冲量控制方式切换。在负荷低于30%(中压主蒸汽流量小于15 t/h以下)时,给水调节阀采用单冲量给水控制方式。此阶段蒸汽流量较低,流量测量偏差大,蒸汽扰动对水位影响较小,所以采用单冲量给水控制系统。在负荷高于30%(中压主蒸汽流量大于15 t/h以上)时,进行系统切换,给水调节由单冲量切换到三冲量。

影响中压汽包水位变化的因素很多。中压过热蒸汽与冷再蒸汽汇集后进入再热器,受热后的再热蒸汽进入蒸汽轮机中压缸或中压旁路。这一过程中压力变化会对中压汽包的水位造成影响,而且中压汽包容量相对较小,允许水位波动范围小,如果控制不当,很容易造成水位超限跳机。尤其在机组启动过程中,高压旁路和中压并汽调节阀的动作会引起中压过热蒸汽压力的变化，中压汽包水位易波动，而中压给水流量相对较小，所以就要求控制系统调节灵敏、可靠。为避免启动过程中蒸汽流量变化对水位的影响，机组在低负荷阶段，中压蒸汽流量不高的情况下，中压过热蒸汽调节阀保持20%的恒定开度，在机组负荷达到130 MW后再投入压力PI自动调节。

3）低压汽包给水控制系统

低压汽包蒸发量不大，压力不高，随负荷变化时给水流量变化大。高、中压给水泵从低压汽包取水，所以低压给水流量和高、中压给水流量及低压主蒸汽流量有关。低压汽包承担着为高、中压汽包供水的任务，须保持一定的储水量，汽包水位不能太低，但凝结水泵可以为低压汽包提供大量补水（补水量高达400 t/h）。由于低压汽包本身容积大，汽水系统吸热量较少且吸热较晚，汽包压力等级较低，水位因压力变化而产生的波动较小。在机组启动初期，高、中压汽包不需大量补水，所以低压汽包水位在启动初期波动较小。

低压给水采用变频泵搭配调节阀，在负荷低于330 MW时，采用变频装置维持泵出口压力恒定，通过调节阀的开度控制给水流量，实现水位控制；在负荷高于330 MW时，采用调节阀全开，变频装置调节泵转速控制给水流量方式实现水位控制。

低压给水控制同样采用单冲量给水控制和三冲量给水控制。给水流量低于90 t/h时，给水调节系统采用单冲量给水控制方式。给水流量高于90 t/h时，给水调节系统采用三冲量给水控制方式。

6.3 余热锅炉蒸汽温度控制与调节

6.3.1 维持蒸汽温度稳定的重要性

蒸汽温度是余热锅炉运行中必须监视和控制的主要参数之一，运行中如果过热蒸汽温度和再热蒸汽温度偏离额定值过大，会直接影响余热锅炉和蒸汽轮机的安全、经济运行。

蒸汽温度过高，长期超过设备的允许工作温度，会加快金属材料的蠕变，还会使过热器、蒸汽管道、蒸汽轮机高压缸等承压部件产生额外的热应力，缩短设备的使用寿命。严重超温时，会造成过热器爆管。

蒸汽温度过低，不仅降低了机组的循环热效率，而且使蒸汽轮机末级蒸汽湿度增加，对叶片的侵蚀作用加剧，严重时会发生水冲击，威胁蒸汽轮机安全运行。

蒸汽温度突升或突降，会使余热锅炉受热面焊口及连接部分产生较大的热应力，同时导致蒸汽轮机中压缸和转子间的膨胀差发生显著变化，威胁蒸汽轮机的运行安全。

6.3.2 影响蒸汽温度稳定的主要因素

余热锅炉过热器出口蒸汽温度称为主蒸汽温度，主蒸汽温度和再热蒸汽温度统称为蒸汽温度。正常运行中，蒸汽温度应维持在规定的范围内。

（1）影响过热蒸汽温度变化的因素

影响过热蒸汽温度变化的因素有两个方面，即烟气侧影响因素和蒸汽侧影响因素。

烟气侧的主要影响因素有燃气轮机排气温度的变化、排气量变化、受热面的清洁程度等。

1)燃气轮机排气温度的变化

当燃气轮机排气温度升高时,余热锅炉受热面吸热量增加,蒸汽温度上升;反之,蒸汽温度下降。

2)排气量变化

当燃气轮机排气量增加,烟气流速增大,余热锅炉受热面吸热量增加,蒸汽温度上升;反之,蒸汽温度下降。

3)受热面的清洁程度

当受热面管外壁积灰或管内结垢时,传热阻力增加,蒸汽温度下降,另外由于管子积灰、结垢部位的不均匀性,会出现热偏差,增加爆管风险。

蒸汽侧的主要影响因素有饱和蒸汽湿度的变化、减温水参数的变化、给水温度的变化等。

①饱和蒸汽湿度的变化

从汽包出来的饱和蒸汽含有少量的水分,在正常情况下,进入过热器的饱和蒸汽湿度的变化较小。但当运行工况不稳,尤其是水位过高或余热锅炉蒸发量突增,此时汽包内汽水分离效果不佳,饱和蒸汽湿度大大增加。由于增加的水分在过热器内要多吸收热量,因而会引起蒸汽温度降低。若蒸汽大量带水,则蒸汽温度将急剧降低。

②减温水参数变化

减温水温度和流量变化时,引起过热器蒸汽侧总吸热量的变化,蒸汽温度会发生变化。减温水压力增大时,虽然减温水调节阀门的开度未变,但此时减温水量增加,因而将引起蒸汽温度下降。此外,当减温器发生内漏时,也会引起蒸汽温度下降。

③给水温度的变化

给水温度降低时,若燃气轮机负荷不变,余热锅炉蒸发量相对减少,使主蒸汽温度上升。

(2)影响再热蒸汽温度变化的因素

再热蒸汽温度不仅受到余热锅炉侧因素的影响,而且蒸汽轮机工况的改变对其影响也较大,影响再热蒸汽温度变化的因素如下:

1)燃气轮机工况变化

当燃气轮机工况变化时,燃气轮机的排气温度和排气量发生变化,受热面吸热量也发生改变,所以再热蒸汽温度的变化趋势基本上与过热器蒸汽温度变化趋势相同。但由于再热蒸汽的温度高而压力低,再热蒸汽的比热容较过热蒸汽的小,等量的蒸汽在获得相同热量时,再热蒸汽温度比过热蒸汽温度变化大。

2)蒸汽轮机高压缸排汽温度的变化

在其他工况不变的情况下,高压缸排汽温度越高,则再热蒸汽进口温度也越高,将引起再热蒸汽出口温度升高。蒸汽轮机高压缸排汽温度将随着机组负荷的增加而升高。

3)再热蒸汽流量的变化

其他工况不变时,再热蒸汽流量增大,再热蒸汽出口温度将下降。再热蒸汽流量除和过热蒸汽流量一样受燃气轮机负荷变化影响外,还受蒸汽轮机高压缸抽汽量(抽汽机组)大小、蒸汽轮机旁路开度等因素影响。

6.3.3 蒸汽温度的调节

余热锅炉蒸汽温度一般可从烟气侧和蒸汽侧来进行调节。对于无旁路烟囱和旁路挡板的余热锅炉,烟气侧的调节由燃气轮机控制,余热锅炉蒸汽温度的调节主要在蒸汽侧进行。

(1)蒸汽侧蒸汽温度调节

蒸汽侧蒸汽温度调节的方法有喷水减温调节法和混合减温调节法。喷水减温调节法是将高压给水经过减温器雾化与蒸汽混合,进行冷却降温的方法;混合减温调节法利用汽包出来的部分饱和蒸汽,经旁路调节阀喷入主蒸汽管与过热蒸汽混合,利用低温的饱和蒸汽来降低过热蒸汽温度。余热锅炉常用的减温方法是喷水减温调节法。

1)喷水减温器的布置方式

喷水减温器有两种布置方式。一是将减温器布置在两级过热器中间,如图 6.8(a)所示。二是如果余热锅炉只有一组过热器,通常将减温器放在过热器出口主蒸汽管路上,如图 6.8(b)所示。

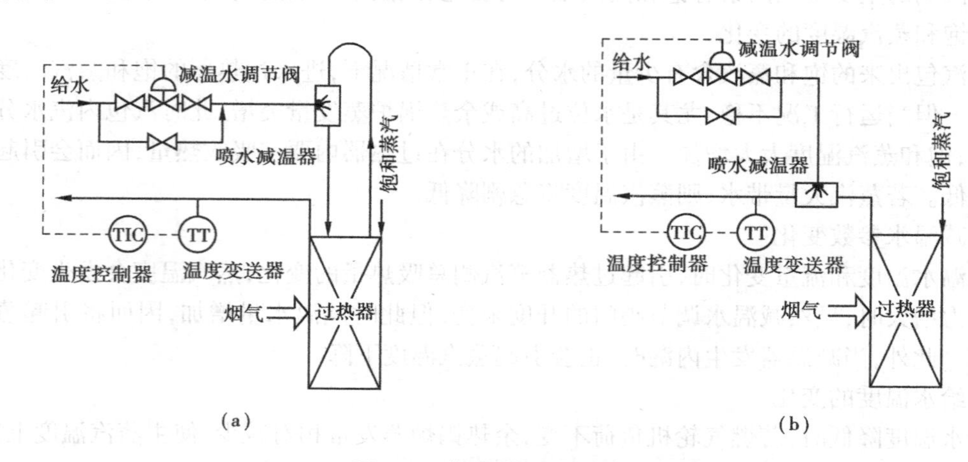

图 6.8　减温器的布置方式

2)喷水减温控制原理

余热锅炉高压蒸汽温度和再热蒸汽温度控制系统均采用一级减温喷水调节,在控制上都采用串级控制方法。蒸汽温度串级控制系统的原理如图 6.9 所示。

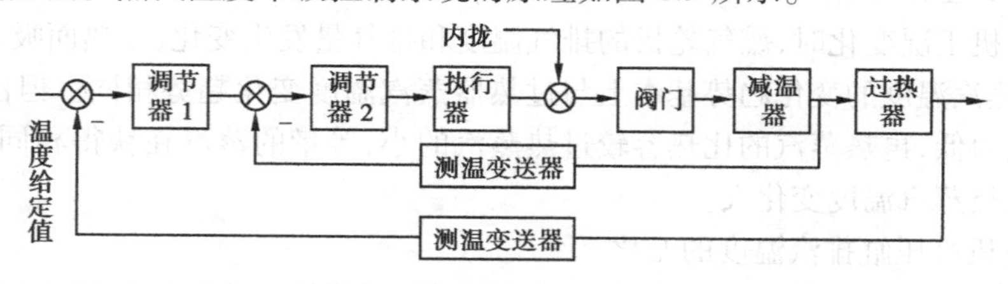

图 6.9　汽温串级控制系统的原理图

系统具有内外两个回路。内回路由导前温度变送器、副调节器(调节器 2)、执行器、减温水调节阀及减温器组成;外回路由温度变送器、主调节器(调节器 1)及整个内回路组成。系统中以减温器的喷水作为控制手段,因为减温器离过热器出口较远,且过热器管壁热容较大,主蒸汽温度滞后、惯性较大,若采用单回路控制主蒸汽温度(主蒸汽温度作为主信号反馈到调节器 1,调节器直接去控制阀门开度)无法取得满意的控制品质。为此再取一个对减温水量变化反应快的中间温度信号作为导前信号,增加一个调节器 2,组成如图 6.9 所示的串级控制系统。调节器 2 根据中间温度信号控制减温水阀,如果有某种扰动使中间温度信号比主蒸汽温度提早反应(如内扰为喷水量的自身变化),那么由于调节器2的提前动作,扰动引起的中间信号波动很快消除,从而使主蒸汽温度基本不受影响。另外,调节器2的给定值受调节器1的影响,后者根据主信号改变中间温度信号的给定值,从而确保当负荷扰动时,仍能保持减温水量满足要求。

采用蒸汽侧减温方法来调节蒸汽温度,调节操作比较简单,根据蒸汽温度高低,适当开大或关小相应的减温水调节阀即可。

3)混合减温调节

通过调节旁通管路上温度控制阀的开度,可以调节进入主蒸汽管的饱和蒸汽流量,低温的饱和蒸汽与主蒸汽混合,从而降低过热器出口的过热蒸汽温度。混合减温调节方法如图6.10所示。

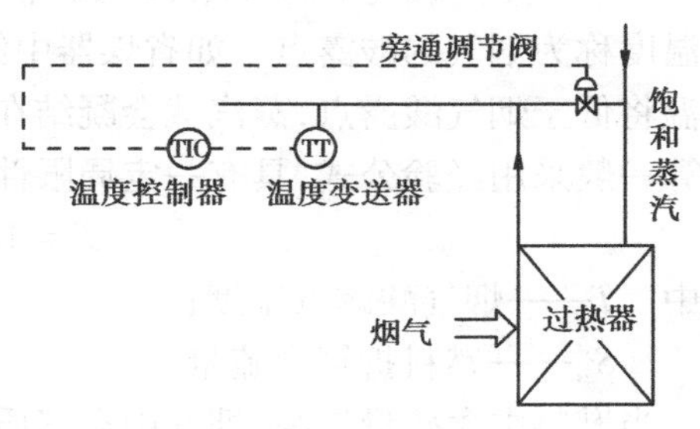

图6.10　混合减温调节系统图

(2)烟气侧蒸汽温度调节

烟气侧蒸汽温度调节,通过改变过热器区的烟气放热量,即通过改变燃气轮机排气温度和排气流量来实现。在无补燃余热锅炉中,由于燃气轮机的排气温度不可能升的很高,设置蒸汽温度控制的目的,只是起到温度限制的作用,一般是在剧烈的变工况运行时减小温度峰值。正常运行时,不需要通过燃气轮机调节蒸汽温度,但是如果在机组调峰过程中,燃气轮机排气温度发生变化,需要通过调整燃气轮机进口导叶角度来保持蒸汽温度的稳定。

蒸汽温度的监视和调节应注意以下要点:

①运行中要注意控制蒸汽温度。严密监视蒸汽温度,并根据有关工况的改变分析蒸汽温度的变化趋势,预前调节。当蒸汽温度变化以后再采取调节措施,可能会造成较大的蒸汽温度波动。

②在余热锅炉蒸汽温度控制中,通常采取蒸汽侧喷水减温与烟气侧调温两种方法相配合。在一般情况下,烟气侧调温只能作为紧急情况下的粗调,而蒸汽侧(喷水减温)调温则作为细调。

③在进行蒸汽温度调节时,操作应平稳。如减温调节阀的操作,不可急开急关,应留有余地,以免引起急剧的温度变化。

④余热锅炉低负荷运行时,应尽量少用减温水。在此工况下,流经过热器的蒸汽量少,流速低。这时大量使用减温水,局部过热器可能会产生水塞,而高温烟气冲刷,使水塞管圈的上部管段由于蒸汽停滞而过热损坏。

⑤余热锅炉运行中,过热器两侧可能出现热偏差,必须加强监视和调整。过热器出现热偏差会引起管壁温度过热甚至烧坏,因此需根据不同的原因采取相应的措施,消除热偏差。

6.3.4　省煤器温度调节

省煤器温度调节包括低压省煤器入口温度的调节和高、中、低压省煤器出口温度的调节。低压省煤器入口温度调节的目的是防止发生低温腐蚀;高、中压省煤器不存在低温腐蚀。省煤器出口温度(实际是调节省煤器出口压力对应下的饱和温度与省煤器出口温度的差值,亦即接近点温差)调节的目的是防止省煤器出口发生汽化,三个压力等级的省煤器出口都有可能发生汽化,需要控制各自出口工质温度。

(1)省煤器温度调节的必要性

燃料中的硫在燃烧过程中生成二氧化硫($S+O_2=SO_2$),二氧化硫在催化剂的作用下进一步氧化生成三氧化硫($2SO_2+O_2=2SO_3$),SO_3 与烟气中的水蒸汽结合生成硫酸蒸汽($SO_3+H_2O=H_2SO_4$)。烟气中的 SO_3(或硫酸蒸汽)在与其接触的余热锅炉金属材料壁面开始结露时的温度称为烟气的酸露点。如省煤器中给水的温度过低,省煤器区段的烟气温度不高,省煤器壁温将低于烟气酸露点,蒸汽就会凝结在省煤器受热面上,造成低温硫酸腐蚀。烟气酸露点的计算一般采用经验公式,具有一定局限性,可作近似计算,下述公式可用于参考。

$$T = 120 + 7(S_{zs}^{y} - 0.6)$$

式中 T——烟气酸露点温度;

S_{zs}^{y}——燃料折算含硫量。

当燃料中含硫量较高、烟气中空气质量流量较大,烟气中 SO_3 含量较高,酸露点升高,并且给水温度较低(凝结水加热器停用)时,省煤器管容易发生低温腐蚀。低温腐蚀的产生会造成受热面、烟道、各悬挂吊件腐蚀损坏,严重时将影响设备运行安全。

目前F级燃气轮机燃用的液化天然气(LNG)中含硫量极少,一般情况下低温硫腐蚀风险极小。对于管道直输天然气,在输气管网逐步联网后,不排除硫含量在局部区域短时间增大的可能,因此也要加以重视。

不论烟气是否含硫,若余热锅炉受热面壁面温度低于水露点(水蒸气在壁面开始凝结时的温度),则烟气中的水蒸汽在壁面上大量凝结,溶解了烟气中的 CO_2(含硫燃料则还溶解 SO_2)而形成大量的酸性水溶液(尽管是弱酸),对金属材料产生严重腐蚀。因此给水温度均应维持规定的水平,以避免发生低于酸露点的硫酸腐蚀和低于水露点的其他弱酸腐蚀。

余热锅炉启动或低负荷运行时,省煤器内容易发生汽化,局部温度过高。省煤器汽化时,产生的蒸汽不易被带走,形成汽塞,工质停滞,破坏水循环,加剧汽化现象。在一定的条件下,省煤器内的水温会降低,汽化的部分蒸汽又会突然凝结,容易造成管壁金属产生突变应力和水击引起的管路振动,影响金属及焊口的强度,长期累积会产生裂纹,严重时甚至会造成省煤器爆管,所以不允许省煤器内水汽化。

(2)影响省煤器温度的因素

影响省煤器入口温度变化的因素有燃气轮机排气温度、燃气轮机排气流量和给水温度。

变工况时燃气轮机排气温度和燃气轮机排气流量的下降,将导致低压省煤器入口温度下降。如机组负荷降低至特定点,低压省煤器入口温度低,可能造成烟气结露,低压省煤器易发生低温腐蚀。

影响省煤器出口温度(即接近点温差)变化的因素有燃气轮机排气温度、燃气轮机排气流量和给水压力。

在启动过程中,燃气轮机排气温度升高和排气量增加,若余热锅炉不需上水,省煤器内的水处于停滞状态,省煤器吸热量增加,出口水温逐步升高,接近点温差减小,易造成省煤器内汽化。

对于中、低压省煤器,在低负荷工况下,燃气轮机排气温度或燃气轮机排气流量有一定程度的降低,锅炉侧吸热量减少,锅炉蒸汽压力降低,相应地省煤器出口压力对应下的饱和温度降低;同时高温段受热面吸热量减少导致低温受热面吸热量相对增加,省煤器吸热量增加,出口温度升高。上述因素共同作用下,省煤器接近点温差减小,易造成省煤器内的水汽化。

实际上,燃气轮机排气温度、燃气轮机排气流量、给水温度和给水压力互相影响,情况比较复杂,需要根据工况的变化作相应的判断。

(3)省煤器温度的调节

1)低压省煤器入口温度调节

余热锅炉低压省煤器一般配置再循环/旁路系统。余热锅炉启停过程中,通过调节省煤器再循环泵出口调节阀,控制回流到省煤器入口的热水流量,提高入口温度,维持省煤器管束的壁温始终高于酸露点。低负荷时,当低压省煤器再循环回路投运后,低压省煤器管束壁温仍然不高于酸露点温度时,可以通过旁路管道将低压省煤器退出,确保低压省煤器管束壁温处于较高的水平。省煤器再循环/旁路系统如图6.11所示。

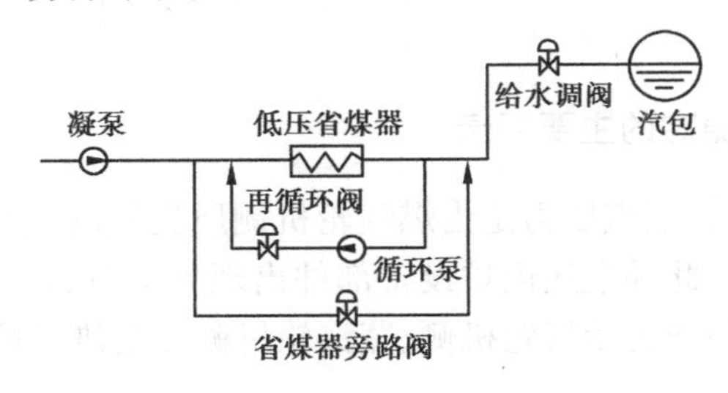

图6.11　低压省煤器再循环/旁路系统

2)省煤器出口温度调节

为防止省煤器出口汽化,可将余热锅炉给水调节阀布置在省煤器出口,确保给水有一定的欠焓。但这种布置方式的省煤器在启动过程中容易超压,通常在省煤器出口给水调节阀前设置安全阀。给水调节阀位置如图6.12(a)所示。另外高压省煤器也可采用旁路系统来调节省煤器出口温度,如图6.12(b)所示。

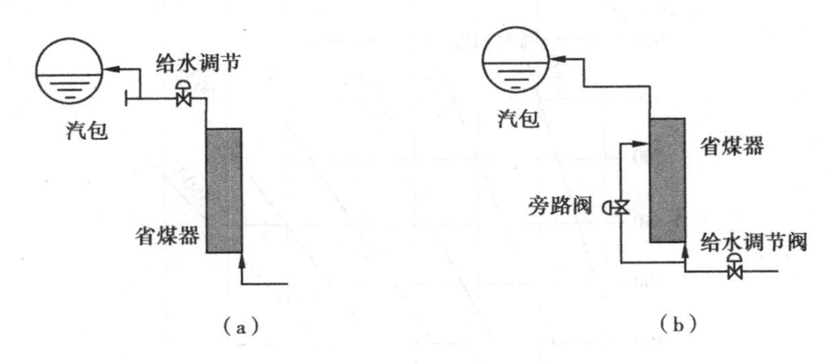

图6.12　给水调节阀位置示意图

6.4　余热锅炉蒸汽压力控制与调节

6.4.1　维持蒸汽压力稳定的必要性

余热锅炉运行时应严格监视蒸汽压力并维持其稳定。蒸汽压力波动过大不仅影响到蒸汽温度和汽包水位,而且直接影响余热锅炉和蒸汽轮机的安全与经济运行。

蒸汽压力降低,蒸汽轮机不能保持额定出力,影响机组发电效率。燃气轮机负荷不变,蒸汽压力降低,必然引起汽包水位的上升,可能会造成蒸汽大量带水,蒸汽品质恶化。

蒸汽压力过高,机、炉承压部件承受过大的应力,影响设备寿命和机组的安全运行。当蒸汽压力过高导致安全门动作时,会造成大量的排汽损失,影响经济性,并引起汽包水位较大波动。当蒸汽压力过高时,对应的饱和蒸汽温度相应升高,蒸汽过热度减小,蒸汽轮机末级湿度增加,可能造成叶片侵蚀。

蒸汽压力频繁波动,承压部件经常承受交变应力,易引起部件金属的疲劳损坏,同时蒸汽压力的突变容易造成汽包虚假水位,若运行调整不当或误操作,容易发生满水或缺水事故。

由于F级联合循环机组多为单元制机组,没有母管及相邻机组的缓冲作用,蒸汽压力对机组的影响更为突出。

6.4.2 影响蒸汽压力稳定的主要因素

余热锅炉正常运行时,其蒸汽压力是由燃气轮机侧所提供的烟气热量的多少和蒸汽轮机侧允许的通流能力所决定。此外余热锅炉设备部件出现异常时,也会导致蒸汽压力波动。影响蒸汽压力稳定的因素可归纳为燃气轮机侧、蒸汽轮机侧和余热锅炉内部影响三个方面。

(1)燃气轮机侧影响

余热锅炉的热量来自于燃气轮机的排气,当燃气轮机工况发生变化时,排气温度和流量的变化对蒸汽压力产生影响。蒸汽压力能够表示余热锅炉产汽量和蒸汽轮机用汽量之间的关系(或其他蒸汽用户)。当用汽量增加,产汽量不变,压力降低,反之压力升高。产汽量与吸热量有关,燃气轮机排气温度升高或排气量增加,产汽量也增加。产汽量与燃气轮机排气流量和燃气轮机排气温度的关系如图 6.13 所示。

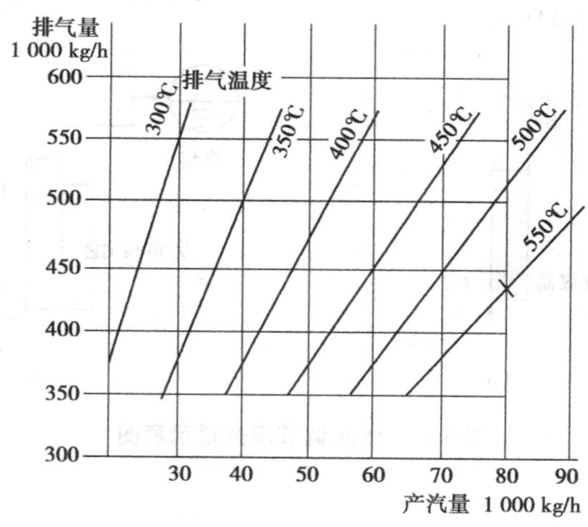

图 6.13 产汽量与排气量、排气温度的线性关系

影响燃气轮机工况变化的原因有很多,如外界负荷需求、燃料的品质、空气参数等,当外界负荷增加、天然气热值增高、单位体积空气质量流量大时会导致燃气轮机排气的热量增加,蒸汽压力升高,反之则下降。

燃气轮机负荷突然变化时,当蒸汽轮机调节阀开度不变,压力变化必然引起蒸汽流量变化。燃气轮机负荷突然变化时,蒸汽压力的反应曲线如图 6.14 所示。

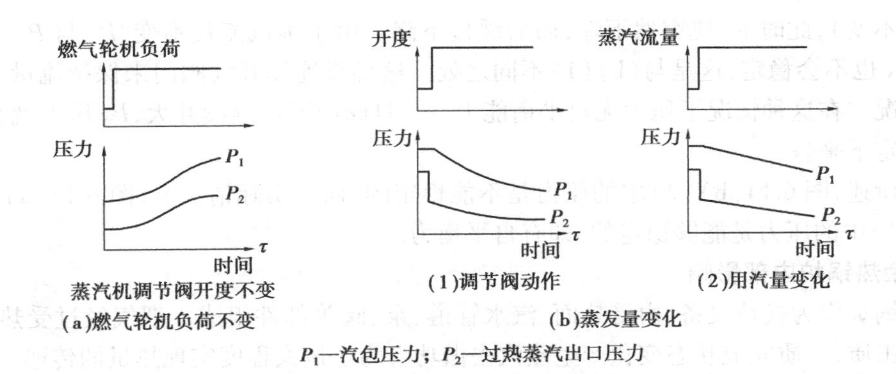

(a)燃气轮机负荷不变　　(b)蒸发量变化

P_1—汽包压力；P_2—过热蒸汽出口压力

图6.14　蒸汽压力的反应曲线

图中 P_1 表示汽包出口压力，P_2 表示过热器出口压力，两者之间的差值用于克服管道及过热器管束的流阻。图6.14(a)表示蒸汽轮机调节阀开度不变时的压力变化，因传热需要时间，压力变化一开始有滞后，之后汽包内压力先略微上升，过热器出口蒸汽压力也随之上升；由于蒸汽轮机调节阀不动作，余热锅炉出口和蒸汽轮机入口之间的压差略有增加，蒸汽流量因蒸汽流速增加而略有增加，自动限制了余热锅炉出口蒸汽压力，使压力进入稳定范围，此时蒸汽压力是有自平衡能力的调节对象。由于蒸汽流量增加，使过热器及管道的流阻增加，即过热器出口的蒸汽压力增加较少。随着时间的增加，汽包出口和过热器出口的压力差增大，余热锅炉出口压力(即过热器出口压力)略微增加。

(2)蒸汽轮机侧的影响

余热锅炉产生的蒸汽流经蒸汽轮机主汽阀和调节阀后，依次通过蒸汽轮机内部各级完成做功。由于主汽阀和调节阀一般处于全开状态，蒸汽流通的阻力是不变的，因此在机组正常运行时，不会因调峰影响蒸汽压力稳定。当蒸汽轮机叶片结垢严重、机组超速、阀门误动时会导致蒸汽压力波动。另外蒸汽轮机旁路系统、轴封系统、疏水系统，与余热锅炉蒸汽系统相联，也会对蒸汽压力产生影响。

当燃气轮机负荷不变，蒸汽量突然变化时，蒸汽压力的反应情况如图6.14(b)所示，图6.14中(b)表示燃气轮机负荷不变而蒸汽量变化时的两种情况。(b)(1)是机组启动过程中蒸汽轮机调节阀动作时引起的蒸汽量变化。(b)(2)是在异常情况下，用汽量突然增加时的压力反应曲线。

由图6.14(b)(1)可以看出，当蒸汽轮机调节阀突然开大，蒸汽流量突然增加，又因调节阀前的压力 P_0 突然下降，过热器出口的蒸汽管路中压力 P_2 随之下降。调节阀开启一段时间后，因用汽系统的阀门局部阻力减小，流量虽增加，但(P_2-P_0)仍然会减少，即 P_2 仍能下降。随着 P_2 下降，用汽系统的压差减小，蒸汽流量也会逐渐减小，最后 P_2 稳定不变，蒸汽量也稳定在新的压差值下不再变化。

汽包出口压力 P_1 的变化与 P_2 略有不同。用汽量突然增加，流经过热器的流动阻力也增加，P_1 与 P_2 的差值更大，所以 P_1 一直是缓慢随 P_2 下降而下降，没有突然下降的区段。最后 P_1 和 P_2 值都稳定不变，两者之差值也不变。蒸汽量稳定的值比调节阀动作前的流量大，稳定的(P_1-P_2)差值也要比原来的大，压力能够稳定，有自平衡能力。

由图6.14(b)(2)可以看出，当用汽量突然增加，并能保持稳定不变(可以改变阀门开度来调节汽量不变),此时 P_2 先突然下降,而后缓慢下降。由于蒸汽流量不变,P_1 与 P_2 的差值不会变化,P_2 也不会稳定,这是与(b)(1)不同之处。这种靠连续开大阀门来保持流量不变是一种假想情况。在这种情况下压力无自平衡能力。一旦阀门不再继续开大,P_2 压力就会因流量减少而稳定下来。

综上所述,图 6.14(b)(2)中的压力是不能稳定的,而在实际情况下,图 6.14(a)(2)和图 6.14(b)(1)中的压力是能够稳定的,即有自平衡力。

(3)余热锅炉内部影响

余热锅炉作为换热设备,由受热面、汽水管道、泵、阀等部件组成。烟气经过受热面,将热量传递给工质,工质完成状态变化产生蒸汽去做功。为了最大程度实现热量的传递,现代大型余热锅炉使用了大量的小口径鳍片管,这些鳍片管如果出现管外积灰或者管内结垢后,都会大大影响换热效果,导致蒸汽压力下降。另外,如果余热锅炉炉墙出现破损,烟气外泄,热量减少也将导致蒸汽压力下降。最后,当汽水管道出现泄漏,受热面出现爆管,安全阀、对空排气阀、疏水阀等阀门出现误动、卡涩时,也会导致蒸汽压力下降。

6.4.3 蒸汽压力控制和调节

由上述影响因素可知,要保持蒸汽压力的稳定,必须保持燃气轮机负荷、余热锅炉蒸发量与蒸汽轮机负荷之间的平衡。

在余热锅炉工况和蒸汽轮机负荷不变的情况下,在启动及运行过程中要保持余热锅炉蒸汽压力的稳定,可以通过调节燃气轮机负荷方式来控制进入余热锅炉的排气温度和流量。当蒸汽压力降低时,增加燃气轮机负荷;反之,降低燃气轮机负荷。

在燃气轮机负荷和余热锅炉内部工况不变的情况下,稳定蒸汽压力实质上就是保持余热锅炉蒸发量与蒸汽轮机负荷之间的平衡。在启动及运行过程中可通过调整蒸汽轮机调节阀、旁路阀及余热锅炉排污、疏水阀等措施稳定压力。

当余热锅炉受热面管外积灰或管内结垢,导致受热面吸热量减少,蒸汽压力下降,可通过清洗余热锅炉受热面增强传热能力,改善汽水品质以减少管内结垢,恢复余热锅炉出力,保持蒸汽压力稳定。如蒸汽压力急剧升高,可通过打开对空排气阀、疏水阀等措施来尽快降压。

6.5 汽水品质控制与调节

6.5.1 维持汽水品质稳定的重要性

一般电厂用水来自河流、湖泊、深井等,国内部分地区大型电厂已使用中水作为除盐水水源。来自不同水源的原水须经过必要的除盐工艺处理,以满足余热锅炉除盐水用水品质要求。这些水中含有钙(Ca)、镁(Mg)的化合物及各种溶解于水中的气体,如氧气及二氧化碳等。水在余热锅炉内受热沸腾时,这些物质会形成各种水垢积存在管内壁上,随着运行时间增加,水垢的厚度会增加。

余热锅炉管内壁积垢后热阻增加,管壁不能被水或汽有效冷却,导致管内外温差增加,会使管材强度降低,长期运行将导致管壁破裂。另外,水中溶解的氧气能够助长管材的腐蚀,影响余热锅炉使用寿命。因此必须严格控制水的品质。

蒸汽品质同样对余热锅炉、蒸汽轮机的安全经济运行影响重大。蒸汽含杂质过多就会引起过热器受热面、蒸汽轮机通流部分和蒸汽管道积盐。盐垢在受热面管内壁上沉积将导致传热能力降低,轻则使蒸汽吸热减少,余热锅炉效率降低;重则使管壁温度超温损坏。盐垢在蒸汽轮机通流部分沉积,将使蒸汽的通流面积减少、蒸汽阻力增大、出力和效率降低,此外还将引起叶片应力和蒸汽轮机轴向推力的增加,严重时会引起振动,易造成蒸汽轮机事故。如沉积在蒸汽管道的阀门处,则容易导致阀门动作失灵和内漏。

在电厂设计、建设阶段需要确定合理、先进的处理工艺来确保汽水品质满足余热锅炉、蒸汽轮机的技术规范要求;机组投入运行后,需要通过严格的化学监督、运行和维修管理来确保长期运行条件下汽水品质合格。运行人员需要初步了解余热锅炉(工质侧)金属腐蚀的机理,深入了解汽水品质的控制机理与方法、运行过程中调节和控制的技术措施。在机组运行、停用保养、维修各阶段,严格执行相关的监督、操作规范,确保汽水品质各指标在控制范围内,有效防止余热锅炉、蒸汽轮机及其他热力系统的结垢、腐蚀和积盐。

6.5.2　热力系统的腐蚀

余热锅炉热力系统的腐蚀在余热锅炉工质侧和烟气侧均可发生。汽水品质控制及余热锅炉停炉保养相关的腐蚀发生在工质侧,烟气侧腐蚀不在本节讨论范围内。

(1)给水系统的腐蚀

余热锅炉给水、凝结水系统的腐蚀主要包括化学腐蚀和电化学腐蚀,化学腐蚀和电化学腐蚀的区别在于在腐蚀过程中有无电流的产生。金属在潮湿地方或遇到水容易发生电化学腐蚀。在给水系统中发生的腐蚀都属于电化学腐蚀。根据引起腐蚀的介质因素来分,可以分为溶解氧腐蚀、二氧化碳腐蚀及溶解氧和二氧化碳共存的腐蚀。

1)溶解氧腐蚀

在给水系统中,最容易发生的金属腐蚀是钢材受到水中溶解氧的腐蚀。铁受到水中溶解氧的腐蚀是一种电化学腐蚀,铁和氧形成两个电极,组成腐蚀电池。铁的电极电位总是比氧的电极电位低,所以在铁氧腐蚀电池中,铁是阳极,遭到腐蚀,反应方程式如下:

$$Fe \longrightarrow Fe^{2+}+2e$$

氧为阴极,进行还原,反应方程式如下:

$$O_2+2H_2O+4e \longrightarrow 4OH^-$$

在这里溶解氧阴极去极化作用,是引起铁腐蚀的因素,这种腐蚀称为氧去极化腐蚀,或者氧腐蚀。

2)游离二氧化碳的腐蚀

当水中有游离 CO_2 存在时,水呈酸性反应,如下式:

$$CO_2+H_2O \rightleftharpoons H^++HCO_3^-$$

水中 H^+ 的量增多,会产生氢去极化腐蚀。游离 CO_2 腐蚀,即为水中含有酸性物质而引起的氢去极化腐蚀。此时铁是阳极,遭到腐蚀,反应方程式如下:

$$Fe \longrightarrow Fe^{2+}+2e$$

氢为阴极,进行还原,反应方程式如下:

$$2H^++2e \longrightarrow H_2$$

CO_2溶于水虽然只显弱酸性,但当它溶于很纯的水中,还是会显著地降低 pH 值。弱酸的腐蚀性不能单凭 pH 值来衡量,因为弱酸只有一部分电离,所以随着腐蚀的进行,消耗掉的氢离子会被弱酸进一步电离来补充,因此 pH 值就会被维持在一个较低的范围内,直到所有的弱酸电离完毕。

3)溶解氧和二氧化碳共存的腐蚀

游离CO_2腐蚀受温度的影响较大,因为当温度升高时,碳酸的电离度会增大,会大大促进腐蚀。在给水系统中,若同时含有O_2和游离CO_2时,因为氧的电极电位高,易形成阴极,侵蚀性强;游离CO_2使水呈微酸性,破坏保护膜,所以铁的腐蚀就更严重。

(2)汽水系统腐蚀

汽水系统的腐蚀是由于汽水系统内附着的水垢和沉积的水渣引起的。余热锅炉内水质不良,经过一段时间运行后,在蒸发管壁上就会生成一些固态附着物,这种现象称为结垢,其附着物称为水垢。在余热锅炉运行过程中,炉水中析出固体物质,有的还会呈悬浮状态存在于余热锅炉水中,也有的沉积在汽包和联箱底部等水流缓慢处形成沉渣,这些悬浮状态和沉渣状态的物质叫做水渣。汽水系统可能发生的腐蚀类型有氧腐蚀、沉积物下腐蚀、应力腐蚀等。本节主要针对余热锅炉容易出现的沉积物下腐蚀进行简单介绍。

当余热锅炉汽水系统内金属表面附着有水垢和水渣时,在其下面会发生严重的腐蚀,称为沉积物下腐蚀。当化学补给水不合格或凝汽器泄漏时,会将$CaCl_2$、$MgCl_2$带入余热锅炉内,因补给水浓缩,若炉水品质控制不当会造成炉水含盐量过高,会在下降管上产生附着物,在附着物下会发生如下反应:

$$MgCl_2+2H_2O \longrightarrow Mg(OH)_2\downarrow +2HCl$$

反应生成的 Mg(OH)2 沉淀,浓缩炉水变成(HCl)强酸。附着物下积累了很高浓度的氢离子,使金属产生酸性腐蚀;酸性腐蚀生成的氢被附着物覆盖,氢只能扩散到金属内部和碳钢中的碳化铁发生如下反应:

$$Fe_3C+2H_2 \longrightarrow 3Fe+CH_4\uparrow$$

碳钢脱碳,金相组织遭破坏,并且CH_4在金属内部产生压力,使碳钢产生裂纹,金属变脆。这种最终使金属变脆的腐蚀叫苛性脆化,又叫苛性腐蚀,这种腐蚀一旦形成,腐蚀便很严重,虽然管壁没有变薄,但也会造成爆管。

6.5.3 余热锅炉腐蚀防护与汽水品质控制措施

余热锅炉热力系统腐蚀的控制,可分为余热锅炉运行期的控制和余热锅炉停用期的控制,前者是指合理的除氧工艺和运行控制,后者指根据停用时间和停用方式采用合理的保养手段。停炉保养的内容见本教材 7.3。

(1)给水系统金属腐蚀防护

在热力系统中,防止给水系统金属腐蚀的方法主要有除氧和 pH 控制。除氧方法有热力除氧和化学除氧两种。热力除氧的工作原理基于亨利定律即气体溶解定律。热力除氧器按照工作压力的不同,可分为真空式除氧器(凝汽器的真空除氧)、大气式除氧器和高压式除氧器。目前大多数 F 级燃气—蒸汽轮机联合循环机组采用凝汽器真空除氧方法,不仅能满足除氧要求,还可除去水中的二氧化碳。

化学除氧法是在给水中加入还原剂,以除去热力除氧后给水总的残留氧,是给水除氧的辅助措施。高压及更高参数的余热锅炉化学除氧常用的药品为联氨，pH 控制常用药品为氨水。

1) 联氨除氧

联氨在碱性水溶液中是一种很强的还原剂，可将水中的溶解氧还原，反应式如下：

$N_2H_4+O_2 \longrightarrow N_2+2H_2O$

反应产物 N_2 和 H_2O 对热力系统的运行没有任何害处。在高温水中 N_2H_4 还能将金属高价氧化物还原为低价氧化物，其反应式如下：

$N_2H_4+6Fe_2O_3 \longrightarrow 4Fe_3O_4+N_2+2H_2O$

$N_2H_4+4CuO \longrightarrow 2Cu_2O+N_2+2H_2O$

联氨的这些特性可以用来防止锅内结垢和铜垢。

2) 给水加氨调整 pH 值

氨的水溶液称氨水，呈碱性。其反应式为：

$NH_3+H_2O \rightleftharpoons NH_4OH$

给水中加氨，主要是为了防止游离 CO_2 对给水系统产生酸性腐蚀。氨与水中 CO_2 的中和反应分两步：

$NH_4OH+H_2CO_3 \longrightarrow NH_4HCO_3+H_2O$

$NH_4OH+NH_4HCO_3 \longrightarrow (NH_4)_2CO_3+H_2O$

(2) 炉水系统腐蚀和防护

为了防止炉水系统管内结垢，引起沉积物下腐蚀，除确保给水符合硬度要求外，还要向炉水中投加磷酸盐，因各种原因进入炉水中的钙离子在锅内不生成水垢而形成水渣，随余热锅炉排污排走，这种方法称磷酸盐处理。磷酸盐处理是指在余热锅炉水沸腾状态和碱性较强的条件下，磷酸盐与炉水中的钙、镁离子及硅酸根离子发生下列反应：

$10Ca^{2+}+6PO_4^{3-}+2OH^- \longrightarrow Ca_{10}(OH)_2(PO_4)_6$（碱式磷酸钙）

$3Mg^{2+}+2SiO_3^{2-}+2OH^- \longrightarrow 3MgO \cdot 2SiO_2 \cdot 2H_2O \downarrow$

生成松软的碱式磷酸钙和蛇纹石呈水渣状可随余热锅炉排污排出，从而降低炉水的硬度，达到防垢的目的。碱式磷酸钙和蛇纹石都是溶解度很小的难溶化合物，在炉水中维持一定数量的 PO_4^{3-}，可使炉水维持一定的 pH 值，使炉水中的 Ca^{2+}、Mg^{2+} 浓度大幅降低，避免钙镁水垢的生成。加入磷酸盐的作用：

①防止在蒸发器管生成钙镁水垢并减缓其结垢的速率。

②增加炉水的缓冲性，防止蒸发器管发生酸性或碱性腐蚀。

③降低蒸汽对二氧化硅的溶解携带，改善蒸汽轮机沉积物的化学性质，减少蒸汽轮机腐蚀。

炉内加磷酸盐溶液增加了余热锅炉水中的溶解固体，在确保给水质量合格的条件下，应尽量减少磷酸盐溶液的加药量，如果炉水中磷酸根太多，会引起以下不良后果：

①增加药品的消耗量。

②增加炉水的含盐量，影响蒸汽品质。

③可能生成磷酸镁垢。

④若炉水含铁量较大，可能会形成磷酸铁垢。

⑤容易在高压余热锅炉内产生磷酸盐隐藏。

(3)蒸汽系统污染及防护

余热锅炉运行中应避免蒸汽污染。蒸汽污染通常指蒸汽中含有硅酸、钠盐等物质(统称为盐类物质)的现象。这些物质会沉积在蒸汽通过的各个部位,称为积盐。如过热器和蒸汽轮机内积盐,会影响机组安全、经济运行。为了防止蒸汽通流部位积盐,应确保从汽包引出的是清洁的饱和蒸汽,并避免蒸汽在减温器内受污染。饱和蒸汽中的杂质来源于炉水。为了获得清洁的蒸汽,应减少炉水中杂质的含量,并设法减少蒸汽携带和机械携带。

6.5.4 运行期汽水品质控制项目

运行过程中汽水品质的控制项目包括给水品质、炉水品质、蒸汽品质及凝结水品质等。

(1)给水品质控制项目

为了防止余热锅炉给水系统的腐蚀、结垢,确保给水水质合格,必须控制给水品质,给水品质控制的项目有硬度、含油量、溶解氧、联胺、pH 值、二氧化硅、含铁量和含铜量等。

1)硬度

控制给水硬度可防止余热锅炉和给水系统中生成钙、镁水垢。

2)含油量

给水中如果含有油,并被带进余热锅炉内时,油附着在管内壁上,易受热分解而生成一种导热系数很小的附着物,危及炉管安全;促进余热锅炉水泡沫的形成,容易引起蒸汽品质恶化;含油的细小水滴若被蒸汽携带到过热器中,会生成附着物而导致过热器管过热,从而损坏过热器。

3)溶解氧

为了防止给水系统和余热锅炉省煤器等发生氧腐蚀,同时监督除氧器或凝汽器真空的除氧效果,应严密监控给水中的溶解氧。

4)联胺

采用氨-联胺处理工艺时,应控制给水中的过剩联胺量,以确保辅助除氧的效果。

5)pH 值

在加氨处理工况下,给水 pH 值过低会造成给水系统和省煤器系统的腐蚀,过高会增加氨水的加入量。

6)二氧化硅

可溶的二氧化硅在受热时会失水,形成胶体颗粒并聚集,成为难溶的二氧化硅,监督给水中的二氧化硅是为了防止炉内结垢。

7)含铁量和含铜量

给水中的铜和铁腐蚀产物的含量是评价热力系统金属腐蚀情况的重要依据,必须对其进行监督。给水中全铁、全铜的含量高,不仅证明系统内发生了腐蚀,而且还会在炉管中生成铁垢和铜垢。

(2)炉水品质控制项目

为了防止炉内结垢、腐蚀和蒸汽品质不良,必须对余热锅炉水质进行监督,主要控制项目有:磷酸根、pH 值、电导率、碱度、二氧化硅、氯化物。

1)磷酸根

为了防止钙垢,炉水中应维持有一定量的磷酸根。炉水中磷酸根不能太少或过多,应控制在规定的范围内。

2) pH 值

炉水 pH 值应不低于 9,原因如下:

①pH 值低时,水对余热锅炉钢材的腐蚀性增强。

②炉水中磷酸根与钙离子的反应,只有在 pH 值足够高的条件下,才能生成轻易排除的水渣。抑制炉水中的硅酸盐类的水解,减少硅酸在蒸汽中的溶解携带量。炉水的 pH 值也不能太高,如炉水 pH 值很高,表明炉水中游离氢氧化钠较多,容易引起碱性腐蚀。

3) 电导率

通过电导率可以判断凝汽器的运行情况,以及循环水系统是否发生泄漏,确保凝结水品质。机组安装凝汽器检漏装置,可有效监视电导率。

4) 碱度

炉水的碱度太大时,可能引起下降管的碱性腐蚀和应力腐蚀(在炉管热负荷较高的情况下,较易发生这种现象)。此外,还可能使炉水产生泡沫而影响蒸汽品质。

5) 二氧化硅

炉水中的硅酸盐不但可以被高温高压蒸汽携带,而且溶解在蒸汽中。应防止炉水中的硅含量在炉水中形成难溶的二氧化硅附着物和硅酸盐被蒸汽携带,影响机组的安全运行。

6) 氯化物

氯离子对金属材料的影响很大,如果炉水中氯化物含量较大,会对金属产生应力腐蚀。

(3) 蒸汽品质控制项目

蒸汽品质控制的目的是防止蒸汽品质恶化及减少蒸汽携带物在过热器中沉积。蒸汽品质控制项目有含钠量、含硅量、电导率、含铜量和含铁量。

1) 含钠量

蒸汽中的盐类成分主要是钠盐,蒸汽含钠量可代表含盐量。为随时掌握蒸汽品质的变化情况,应投入在线检测仪表。

2) 含硅量

若蒸汽中的硅酸含量超标,就会在蒸汽轮机内沉积难溶于水的二氧化硅附着物,对蒸汽轮机的安全运行有较大影响。

3) 电导率

电导率代表了蒸汽中的含盐量。电导率越大,代表蒸汽中含盐量越多。

4) 含铜量

监督铜含量可以反映系统内铜部件的腐蚀情况。

5) 含铁量

监督铁含量可以反映系统内铁部件的腐蚀情况。

(4) 凝结水品质控制项目

凝结水品质控制项目有硬度、溶解氧、电导率、二氧化硅、含钠量、含铁量和含铜量等。

1) 硬度

为了掌握凝汽器的泄漏和渗漏情况,应持续监督凝结水硬度。当凝结水中硬度居高不下时,应及时采取相应措施,以防凝结水中的钙、镁离子大量地进入余热锅炉系统。

2) 溶解氧

凝结水中的溶解氧高的主要原因是在凝汽器和凝结水泵不严密处漏入空气。凝结水溶氧较大时会引起凝结水系统的腐蚀,使进入余热锅炉给水系统的腐蚀产物增多,影响汽水品质。

3)电导率

通过电导率可以判断凝汽器的运行情况,以及循环水系统是否发生泄漏,保证凝结水品质。机组安装凝汽器检漏装置,可有效监视电导率。

4)含硅量

若凝结水中的硅酸含量超标,会在凝汽器内沉积难溶于水的二氧化硅附着物,对凝汽器的运行造成影响。

5)含钠量

含钠量代表凝结水的含盐量,为了确保给水和炉水的含盐量,应该严格控制凝结水的含钠量。

6)含铁量和含铜量

凝结水中铁、铜的含量高,表明系统内发生了腐蚀,凝汽器内易生成铁垢和铜垢。

6.5.5 汽水品质控制指标及异常情况处理

汽水品质控制指标应满足国家相关化学监督规范和余热锅炉制造商设备规范对汽水品质提出的要求。汽水品质控制标准一般应在运行检修规程及相关监督规程中明确。典型余热锅炉的汽水品质控制标准见表6.4。

表6.4 正常运行水汽品质控制标准

项 目	高、中压炉水	低压炉水/给水	凝结水	饱和蒸汽	过热蒸汽	再热蒸汽	补给水
pH25 ℃	9.0~10	9.0~9.5	9.0~9.5				
电导率/($\mu S \cdot cm^{-1}$)(25 ℃)	≤30	—	≤20	≤0.3(经氢离子交换后)	≤0.3(经氢离子交换后)	≤0.3(经氢离子交换后)	≤0.2
硬度/($umol \cdot L^{-1}$)	—	0	≤2				0
油/($mg \cdot L^{-1}$)	—	≤0.3					—
溶解氧/($ug \cdot L^{-1}$)		≤15	≤50				—
铁/($ug \cdot L^{-1}$)		≤20	≤20	≤20	≤20	≤20	—
铜/($ug \cdot L^{-1}$)		≤5	≤5	≤5	≤5		—
联氨($ug \cdot L^{-1}$)		10~50					—
氯化物/($mg \cdot L^{-1}$)	≤0.5		≤0.1				—
磷酸盐/($mg \cdot L^{-1}$)	2~8	—					—
二氧化硅/($ug \cdot L^{-1}$)	≤450	≤50	—	≤20	≤20	≤20	≤20
氨/($mg \cdot L^{-1}$)	—	—	0.5~1				—
钠/($g \cdot L^{-1}$)	—	—	≤10	≤10	≤10	≤10	≤10

根据取样系统数据调节给水联氨和氨水的加药量，控制给水和凝结水品质。排污手段和停炉保养工作可作为保持给水和补给水品质的辅助手段。排污操作详见本教材第4章，保养方法及操作详见本教材第7章。

根据取样系统数据调节给水磷酸盐的加药量，控制炉水品质。余热锅炉运行中要特别注意磷酸盐隐藏现象。

余热锅炉在运行时会出现磷酸盐“暂时消失”现象（即磷酸盐的隐藏现象）。余热锅炉高负荷运行时，易溶磷酸盐从炉水中析出，沉积在蒸发器上，并伴有游离氢氧化钠产生，炉水中 PO_4^{3-} 下降，酚酞碱度升高。余热锅炉低负荷运行或停运后再启动时，沉积在蒸发器管壁上的磷酸盐又被炉水溶解，导致炉水 PO_4^{3-} 不断增高，酚酞碱度下降。

发生磷酸盐的“暂时消失”现象有以下几种危害：

①形成的易溶盐附着物因其传热不良导致炉管金属严重超温，过热损坏。

②易溶盐附着物能与管壁上其他沉积物（主要是铁的沉积物）发生反应，生成复杂的难溶水垢，并加剧蒸发器的结垢和腐蚀。

③会使管内近壁层炉水中产生游离氢氧化钠，引起炉管金属的碱性腐蚀。

磷酸盐是非挥发性的盐类物质，加入炉内后会增加的含盐量，在进行磷酸处理时，应注意以下几点：

①当给水的硬度较高时，不宜采用加 Na_3PO_4 的方式防止生成钙垢。加 Na_3PO_4 可能使炉水中产生过多的水渣，增加余热锅炉的排污量，甚至影响蒸汽品质，此时应加强排污。

②炉水中应保持规定的过剩 PO_4^{3-} 量，在加药时要连续地、均匀地加入，加入速度不能过快，以免炉水的含盐量骤增，影响蒸汽品质。

③及时排除炉水中的水渣，以免炉水中水渣太多，堵塞管道并影响蒸汽品质。

④药品应比较纯净，以免将杂质带进炉内，引起余热锅炉腐蚀和蒸汽品质恶化。

汽水品质不合格时，应及时采取合适的处理和调节措施。一般处理原则和方法见表6.5、表6.6、表6.7、表6.8。

表6.5　凝结水品质不合格处理方法

异常类别	异常原因	处理方法
凝结水硬度不合格	凝汽器管泄漏	查漏、堵漏。对整个汽水系统进行普查并处理
	除盐水不合格	检查除盐水系统
凝结水溶氧不合格	凝结水泵水封不严，备用出口盘根不严	联系检修部门消除缺陷
	真空泵故障	联系检修部门消除缺陷
	蒸汽轮机真空部分不严密	保持好蒸汽轮机真空
	凝结水过冷却度大	及时调整循环水温度

表 6.6　炉水品质不合格处理方法

异常类别	异常原因	处理方法
炉水碱度、二氧化硅不合格	给水碱度、硅酸根高	提高给水质量
	余热锅炉连续排污故障或连排门关得过小	开大连排门仍不能维持标准时，适当增加定排次数
	余热锅炉负荷急剧变化	稳定机组负荷
炉水浑浊有大量沉积物	水硬度大，含盐量不合格	降低给水硬度，增大加药量
	余热锅炉排污系统故障	联系检修排污系统
	新投运余热锅炉或刚大修后投运余热锅炉内部腐蚀物多	开大连续排污，增加定排次数直至炉水澄清
	余热锅炉长时间未排污或排污量不足	严格执行排污制度，增加排污次数
炉水磷酸根浓度过高	负荷降低，排污量小	停加药泵，调整排污量
	磷酸三钠浓度不合格	调整药液浓度
	加药泵柱塞行程太大	调小行程
炉水磷酸根浓度过低	加药泵故障或加药管道堵塞	联系进行检修
	余热锅炉负荷增加或连续排污量过大	关小连续排污门，调整排污量
	水硬度高	及时调整药液浓度及加药量
	磷酸三钠浓度低	调整药液浓度，加大加药量
炉水 pH 值不合格	给水 pH 值不合格	查明给水不合格原因，调整给水 pH 值
	磷酸盐加入量不足或过量	调整磷酸盐加药量
	排污量大	调整排污量
	Na_3PO_4 与 Na_2HPO_4 配比不合格	调整好药品配比及加药量
炉水电导率不合格	给水电导率不合格	检查除盐水系统是否正常
	凝汽器泄漏造成炉水电导率高	增大排污量，对凝汽器进行检修
	余热锅炉排污量不足	加大排污量及排污次数
	连排系统不畅通	对排污系统进行检查

表6.7 蒸汽品质超标处理方法

异常类别	异常原因	处理方法
蒸汽含钠量不合格	炉水含盐量不合格	开大余热锅炉排污阀,增加排污次数
	汽包汽水分离装置工作不正常或有缺陷	停炉检修
	余热锅炉运行工况急剧变化	改善运行工况,稳定余热锅炉负荷
	余热锅炉减温水水质不良	检查并改善减温水质
	余热锅炉加药量太大	加强排污,严格控制加药量
	余热锅炉刚启动,炉水浑浊	加强余热锅炉排污及蒸汽品质监督
蒸汽中二氧化硅不合格	炉水二氧化硅不合格	加强排污
	汽包汽水分离装置工作不正常或有缺陷	严重时申请停炉检修
	余热锅炉运行工况急剧变化或减温水水质不良	改善运行工况,检查改善减温水质量
	炉水 pH 值低	适当调整炉水 pH 值碱度
	新机组启动初期,系统中有硅酸盐杂质	加强汽水品质监督

表6.8 给水品质超标处理方法

异常类别	异常原因	处理方法
给水硬度不合格	凝汽器泄漏	进行凝汽器查漏、堵漏
	给水取样冷却器漏	检查取样冷却器并进行检修
	除盐水不合格	化验除盐水质,查明不合格原因
	连排扩容器液位太高或蒸汽大量带水	检查连排扩容器液位,并联系调整
给水溶氧不合格	给水温度与压力不相适应或者未达到沸腾点	调整温度与压力并达到沸腾点
	除氧器排气门未开或开度不够	调整除氧器排气门的开度在适当位置
	除氧器水位过高或补水量过大,除氧器分配不均,负荷不稳定	降低水位,不超压运行,并调整补水量,均匀补水
	取样管内有空气或取样管漏	冲洗调整取样管排出空气、消除泄漏
	除氧器内部装置工作不正常或有缺陷	检查内部装置缺陷并检修

续表

异常类别	异常原因	处理方法
给水铁含量不合格	凝结水、除盐水、疏水等含铁量高	查明铁含量不合格水源进行排污直至水质含铁量合格
	凝结水、给水系统腐蚀	降低溶解氧含量,调整给水加氨加药量
给水 pH 值不合格	凝汽器泄漏	进行凝汽器查漏、堵漏
	除盐水不合格	检查除盐水质,将不合格水放掉
	加氨系统不正常	调整加氨量

复习思考题

1.余热锅炉运行调整的任务是什么?你认为对于值班人员,其中最重要的是哪一个,为什么?

2.影响汽包水位变化有哪些因素?这些因素是如何影响水位的?余热锅炉的虚假水位是如何产生的?当虚假水位产生时应如何处理?

3.为何余热锅炉水位在启动和运行的不同阶段采用不同的冲量调节方式?结合本厂实际谈谈运行过程中冲量调节方式切换的具体情况。

4.汽包水位为什么有正常水位和启动水位区分?余热锅炉汽包水位变化有什么特征?余热锅炉运行时的水位调整注意事项有哪些?

5.影响蒸汽压力变化有哪些因素?结合本场实际谈谈正常运行时蒸汽压力变化应如何调整?

6.影响蒸汽温度变化的因素有哪些?如何控制调节蒸汽温度?蒸汽温度的监视和调节时应注意的事项有哪些?

7.过热器和再热器蒸汽温度在哪些工况下运行时需要调节?

8.控制低压省煤器温度的意义是什么?低压省煤器温度怎么调整?

9.余热锅炉控制汽水品质的意义是什么?锅炉汽水监督指标主要有哪些?炉水 pH 值高低有什么影响?如何调整汽水品质?

10.什么是磷酸盐的“隐藏”现象?进行磷酸盐处理时,应注意哪些事项?

11.机组运行中,发现其凝结水及炉水电导率异常增高,应如何处理?

第7章 停炉、保养和维护

余热锅炉的停运过程实质上是高温厚壁承压部件(如汽包、高温过热器集箱、高温再热器集箱等)的冷却过程。在停炉过程中参数控制不当,将产生较大的热应力,影响余热锅炉承压部件的寿命。因此,在各种停炉方式下都要严格控制降温、降压速率,维持良好的水循环,确保余热锅炉的安全。

余热锅炉停、备用期间热力设备应进行保养,以避免设备发生锈蚀损坏,延长设备使用寿命。设备保养方法的选择主要根据保养前设备所处的状态、停运时间、系统严密程度及保养方法本身的工艺要求等因素确定。基于调峰机组的特点,余热锅炉经常处于热备用或冷备用状态,保养工作已常态化。无论采取何种保养方法,机组启动前应严格按照要求进行冲洗,启动过程中严格控制凝结水回收和蒸汽轮机进汽前的化验,确保汽水品质合格。

余热锅炉维护是确保余热锅炉安全运行的重要手段,也是防止热效率降低,避免使用状态恶化,维持并延长余热锅炉使用寿命的重要措施。本章讨论的内容特指运行值班人员负责的设备维护工作。运行人员应充分了解维护工作的要点,严格按照规范做好日常设备巡视检查和定期常规维护工作。

7.1 余热锅炉停运

余热锅炉停炉方式可分为正常停炉和事故停炉两大类。正常检修、长时间停运或者余热锅炉不需要抢修时的停炉,为正常停炉。余热锅炉正常停运应参照余热锅炉厂正常停运曲线控制整个过程。事故停炉是指在锅炉事故状态下需要立即进入余热锅炉炉膛内抢修或锅炉外部承压汽水管道需要抢修时所采取的停炉方式;事故停炉时使用紧急停炉程序,迅速冷却余热锅炉。

7.1.1 停炉应遵循的原则

余热锅炉停运应遵循以下原则:

①停炉过程中严格控制降压速度。

②为了缩短机组再次启动时间,减小循环应力,在停运过程中要最大限度地减少余热锅炉

热量及工质的损失,停炉过程中应作好保温措施。

③对于蒸汽轮机采用并联旁路配置的机组,停炉过程中须确保再热器要有汽流通过。

④在正常停运期间,操作人员应密切监视运行参数。

7.1.2 停炉前的准备工作

余热锅炉停炉应根据值长命令,在明确停炉的原因、时间和方式后进行各项准备工作。

①余热锅炉停运前,值班人员应对余热锅炉设备进行全面检查,将所发现的设备缺陷详细记录在值班日志中,以便相关人员查阅、参考和处理。

②接停炉通知后,联系相关岗位人员,备好操作卡。

③检查自动调节系统,确认其状态正常。

④确认高、中、低压旁路系统在热备用状态。

⑤调整余热锅炉水位至停炉水位。

⑥确认凝汽器水位在停机水位,应急补水系统正常。

7.1.3 正常停炉

正常停炉又分为备用停炉和检修停炉。由于外界负荷减少,按电网调度计划要求余热锅炉退出运行并处于备用状态时,所采用的停炉方式称为备用停炉;检修停炉则是指按计划进行旨在恢复余热锅炉性能的预防性维修所采用的停炉方式。由于燃气轮机联合循环机组每日启停的调峰特性,日常停炉一般为备用停炉,是运行人员日常操作中的重要内容。本节主要介绍余热锅炉的日常停炉亦即备用停炉;检修停炉与日常停炉步骤基本一致,只是要求尽可能地降低余热锅炉的压力和温度,缩短余热锅炉的冷却时间。

停炉步骤:

①燃气轮机降负荷,余热锅炉负荷随之逐步降低,降负荷过程中注意汽包水位变化。

②燃气轮机降至一定负荷时低压缸冷却蒸汽投入,此时低压旁路阀开启。注意低压汽包压力及水位变化,及时调整(限于单轴机组,不适用于分轴及带3S离合器机组)。

③燃气轮机降至一定负荷后,蒸汽轮机高、中压调节阀开始关闭,高、中压旁路阀逐步开启。此时应注意高、中压汽包压力、水位变化。及时调整高、中压汽包水位,防止汽包发生满水或缺水。

④若需检修停炉,燃气轮机应在低负荷运行一段时间,尽可能地降低余热锅炉温度和压力,使余热锅炉冷却一段时间后再继续减负荷停机。

⑤机组解列,高、中、低压主汽门关闭,机组进入惰走状态。在此过程中严密监视调整汽包水位,注意汽包上下壁温度。

⑥随着余热锅炉压力的降低,蒸汽轮机旁路逐步关闭,在旁路阀全关时,应注意余热锅炉汽包水位变化,及时调整。

⑦破坏蒸汽轮机真空前,应关闭高、中、低压过热器出口蒸汽主、旁路电动阀(如有设置,部分机组不设置高、低过热器出口蒸汽主、旁路阀)及余热锅炉出口烟气挡板,停炉过程结束。

⑧调整汽包水位至合适水位,为再次启动作好准备。余热锅炉上水结束后停运给水泵及低压循环泵。

⑨给水调节阀设置在省煤器后的机组,停炉后应适当开启给水调节阀以防省煤器超压。

⑩停炉后对余热锅炉进行全面检查，包括余热锅炉挡板、疏水阀、给水泵等。

7.1.4　事故停炉

事故停炉又分为故障停炉和紧急停炉。根据事故的严重情况和紧迫程度，若需立即停炉，称为紧急停炉；若事故不甚严重，但余热锅炉已不宜继续运行，必须在一定时间内停止运行，则这种停炉称为故障停炉。对于事故停炉中的故障停炉，一般按正常停炉步骤进行，只是有时需要加快停炉速度；紧急停炉则必须立即停止余热锅炉运行。

联合循环机组运行过程中发生以下任意故障必须紧急停炉：

①余热锅炉严重缺水或满水。

②给水品质急剧恶化。

③余热锅炉压力异常上升。

④余热锅炉汽包水位计或安全阀全部失效。

⑤余热锅炉给水泵全部失效。

⑥炉内受热面爆管泄漏严重，无法维持运行。

⑦炉外部汽水管路爆管及元件损坏，危及设备和人身安全。

⑧在余热锅炉烟道内发生再燃烧。

⑨燃气轮机排气异常，危及余热锅炉安全运行。

⑩燃气轮机、蒸汽轮机油系统发生火灾。

⑪发电机氢气压力异常或发生火灾。

⑫汽轮机循环冷却水中断。

⑬其他异常情况，机组不能继续运行。

紧急停炉步骤：

①立即将燃气轮机和蒸汽轮机停运。

②监视燃气轮机熄火，燃气轮机转速正常下降。

③监视余热锅炉各受热面通道温度正常下降。

④负荷急剧下降时，应避免发生严重缺水和满水事故，注意调整给水，维持汽包正常水位，必要时手动调节。同时要求密切注意蒸汽压力的变化，防止安全阀动作。

⑤如果事故是由汽包严重缺水引起，则在燃气轮机熄火后关闭给水调节阀，停止上水，然后让余热锅炉自然冷却。

⑥余热锅炉紧急停炉时，必须严密监视汽包温度变化，必要时根据事故的性质，采取切实可行的措施，务必控制汽包温度下降速率在限定的范围内。

⑦紧急停炉的冷却过程，尽量维持汽包较高水位。可以通过连续上水，放水的方法降低炉温。

7.1.5　正常停炉注意事项

余热锅炉正常停炉过程中应严密监视各项参数，防止和避免发生紧急停炉、跳炉等事件。

①停炉时注意检查蒸汽轮机高、中、低旁路阀是否正常开启，检查各旁路减温水阀是否正常开启。如果在停运过程中旁路系统出现异常，应立即汇报值长，停止降负荷必要时升负荷恢复机组运行。

②停炉时严密监视汽包上、下壁及内、外壁温差均不超过允许值，必要时停止降负荷。

③整个停炉过程中，余热锅炉负荷及蒸汽参数的降低按蒸汽轮机要求进行，逐步降低燃气轮机的负荷。

④余热锅炉停炉后各系统出口隔离阀、排污阀以及排气阀都应关闭严密，使热量损失降到最小。

⑤在给水控制单冲量、三冲量切换时，注意切换是否正常，必要时改为手动控制。

⑥采用高、中压旁路串联配置的机组，在高、中压旁路阀动作时应加强余热锅炉高、中压汽包水位监视，防止余热锅炉满水或缺水。

⑦在停炉过程中应适时打开高、中、低压及再热蒸汽管道上的疏水阀，防止疏水积聚。

7.1.6 停炉后工作

余热锅炉停炉后运行人员仍应继续监视相关参数，同时做好余热锅炉的保养维护工作，如有维修作业则要配合检修人员做好相应的检修安全隔离措施。

①余热锅炉自然冷却时，应维持汽包水位在高水位，但需严防汽包满水进入过热器中。

②若汽包水位下降较快，应启动凝结水泵或高、中压给水泵向余热锅炉补水至正常水位，并检查确认汽包水位较快下降原因。

③为避免余热锅炉急剧冷却，应控制疏水量和疏水次数。机组较长时间不启动，应经常打开余热锅炉各疏水阀，防止疏水积聚，腐蚀金属管材。

④停炉后，未退出备用前，不得停止对余热锅炉的监视。

⑤停炉后如需检修要尽快降低余热锅炉温度，可打开余热锅炉出口挡板加快冷却速度。

⑥余热锅炉无压后的疏水，应开启相应系统的放气阀，防止疏水不彻底。

⑦在检修停炉方式下，停炉后余热锅炉泄压放水过程中必须打开汽包及系统上的放气阀。

⑧停炉后如需进入汽包检修，必须先确认汽包内水已放尽，放气门已打开并有良好的通风，同时在汽包外还应有专人监护。

⑨配合检修人员做好相关检修工作的安全隔离措施，并对检修现场的安全进行监督。

⑩按照规定对设备进行维护保养，如润滑油加注、定期试转、切换等。

⑪停炉后按照相关规定做好余热锅炉的防腐保养工作。

7.2 余热锅炉保养

燃气轮机-蒸汽轮机联合循环中的余热锅炉，处于备用状态或停运检修状态时，应采取防腐保护措施。若余热锅炉长时间停运，不采取有效的保护措施，汽水系统的压力和温度下降后，难免有空气进入。余热锅炉处于检修状态时，受到外界环境的影响更大，此时在金属表面产生的腐蚀，其影响程度往往超过正常运行时的腐蚀，而且余热锅炉的腐蚀会在金属表面留下面积较大的腐蚀坑，将在余热锅炉再次启动运行时成为诱发局部腐蚀的源点。

另一方面，余热锅炉的腐蚀将使受热面管壁结垢速率加快，促进和加剧余热锅炉的运行腐蚀，导致余热锅炉受热面爆管概率增加，因此停炉后的腐蚀将可能危及余热锅炉的安全运行，选择合适的保养方法。

7.2.1　保养原则

余热锅炉保养方法的选择需要根据余热锅炉的停用情况、保养方法的特点以及现场实际条件和运行要求等因素综合考虑。余热锅炉保养应遵循以下基本原则：

①余热锅炉停运后防止空气进入水、汽系统内。

②采用干法保养时，保持停运余热锅炉水、汽系统的金属内表面干燥。

③采用碱式保养法时，应在金属表面形成具有防腐作用的保护膜。

④采用湿法保养时，金属表面应浸泡在含有除氧剂或其他保护剂的溶液中。

7.2.2　保养方法

停炉保养方法是指余热锅炉停炉后，采取物理或化学的方法，阻止或减缓余热锅炉金属材料腐蚀。

(1)停炉保养分类

余热锅炉停后的保养方法有很多种，按其保护原理可分为以下四种：

①防止空气进入余热锅炉的汽水系统，如充氮法、保持蒸汽压力法等。

②降低余热锅炉汽水系统内部的湿度，如烘干法、干燥法等。

③使金属表面形成钝化膜，如加金属缓蚀剂、钝化剂、十八胺法等。

④使金属表面浸泡在有氧化剂的水溶液中，如加联胺法。

(2)保养方法介绍

结合目前余热锅炉的使用情况，以下简要介绍几种常用的保养方法。

1)十八胺保养法

十八胺即十八烷基胺的简称，其分子式为 $CH_3(CH_2)16CH_2NH_2$，属于脂肪胺类，白色蜡状固体结晶，易溶于氯仿，溶于乙醇、乙醚和苯，微溶于丙酮，难溶于水，密度为 860 kg/m^3，凝固点 52.9 ℃，沸点 348.8 ℃。十八胺在水中可以发生水解，与水中的部分氢离子结合，溶液中的氢氧根离子浓度相对增加，溶液呈现弱碱性。对碳钢、不锈钢、铜合金等均有缓蚀作用。十八胺彻底热分解温度超过 450 ℃，在水中溶解性差，在金属表面上形成的是分子层的吸附膜，肉眼看不见。同时十八胺具有较大的挥发性，在 9.8～15.2 MPa 压力对应的饱和温度下，饱和蒸汽中的浓度比平衡液相中的浓度高出 4～5 倍。加入炉内后，可随汽水循环进入整个热力系统，在设备及管道的内表面形成一层良好的憎水性保护膜，在机组停运时隔绝空气、水与金属接触，从而起到保护作用。

十八胺保养法保护范围广，适用于任何停用方式的机组，包括各种短期、中期和长期停用以及检修的机组。

保养加药时要求余热锅炉高压过热蒸汽及再热蒸汽保持一定温度，燃气轮机在一定的负荷下进行。在加药过程中，汽包维持略低水位，加药完毕后，尽量不再补充除盐水。余热锅炉应在加药结束后一段时间(2～3 h 左右)停运。具体操作应根据各电厂运行规程规定进行(注：操作过程中应考虑到不同的十八胺药品供应商供货的差别，针对每次具体的保养应制定详细的操作规范)

2)保持压力法

余热锅炉停运后，关闭各汽水系统阀门，利用余热锅炉的残余压力，防止空气漏入汽包和管簇内,同时控制炉水的 pH 值在正常范围内,使之保持一定的碱度。这种方法操作简单、方便,由于受汽水系统的严密性限制,无法长期维持压力。通常停炉后压力只能维持 20 h 左右。这种方法只宜用于机组短期停用的场合。

3)磷酸三钠碱式保养法

停炉后向给水系统注入磷酸三钠溶液,控制炉水的磷酸根含量在 1 000~1 200 mg/L,使金属表面形成保护膜。该方法能使汽水系统内水侧得到良好保护,但不能对汽侧进行防腐保护。此外,余热锅炉解除保养再行启用时,要提前 1~2 天对余热锅炉进行水冲洗。通常需要换水、冲洗三次以上,否则,水质会长期无法符合控制标准。

4)余热烘干、干燥剂法

停炉后在余热锅炉压力降低到 0.5 MPa,炉水温度低于 120 ℃时开始排水直至排空,利用余热除去炉内湿气,从而达到防腐目的。该方法对汽水系统的水侧和汽侧均能起到保护作用,保养过程的维护工作量小,而且系统可以进行检修。但是,有些余热锅炉汽包内装有加强肋,致使炉水不能排尽,在汽包内仍然可能积存一定的炉水,会造成氧化腐蚀。为了解决此问题,可以在炉内温度低于 40 ℃时,进入汽包内清除积水,并根据停用时间的长短,可以放入干燥剂吸湿。由于环境湿度大,若汽水系统不严密,对于长期停用的余热锅炉,干燥剂容易吸湿失效,需要经常更换干燥剂(生石灰、硅胶等)。

5)充氮保养法

当余热锅炉汽水系统排空,压力降低到 0.5 MPa 时,向系统加注氮气,并维持系统压力在 0.13 MPa 以上,以防空气渗入。但此法常会因系统不够严密,致使无法维持氮气的压力。为此,就要增多氮气的补给量。

6)氨-联氨药液法

停炉后当余热锅炉压力降至零时,排干炉内存水,向系统注入氨-联氨保养液,控制保养液中联氨含量在 200 mg/L 以上。水的 pH 值在正常范围内(10~10.5)。该方法适合于停用时间较长的场合。为了防止因系统严密性差而从外界渗入空气,应每天进行一次给水顶压,以维持炉内压力。

7.2.3 保养方法的选择

按照余热锅炉停用期限和所处的状态及保护溶液等情况,确定余热锅炉停用保养的方法,可参考表 7.1。

表 7.1 余热锅炉停用保养方法选择

保养方法	适用种类	短期停用			长期停用	
		三天以内	一周以内	一月以内	一季以内	一季以上
蒸汽压力法	热备用	√				
常压余热烘干法	检修保养	√	√			
邻炉热风烘干法	冷备用、大小修		√	√		
给水压力法	冷(热)备用	√	√			
充氮法	冷备用		√	√	√	
气相缓蚀剂法	冷备用、安装设备			√	√	
氨液法(含十八胺)	冷备用、安装设备			√	√	√

参照上表选择停炉后的保养方法时,应注意以下事项:

①停炉时间在3天以内,系统不检修,可以采用保压法;系统需要检修,则不宜采用此法。

②停用时间在4~7天,系统不检修,可以采用碱式保养法;系统需检修,则宜采用热炉放水余热烘干法。

③停用时间在8~30天,宜采用干燥剂吸湿法,纯十八胺保养法。

④停用时间在30天以上而属于正常停运,宜采用干燥剂吸湿法,纯十八胺保养法。

⑤采用充氮法及湿式保养法时,余热锅炉内有水,当水温低时会使管外壁面结露,要经常检查管外部受热面,防止外部腐蚀。

7.2.4　十八胺保养法操作要点

余热锅炉大修期间的停炉保护极其重要。机组检修期间汽包需打开入孔门检查,传统的湿法保养如氨-联胺法已经不能采用。大部分电厂目前普遍采用热炉放水余热烘干法,该方法优点是操作较简单,涉及辅助设备少。缺点是由于余热锅炉管道走向复杂,很难将存水放尽。最典型的是过热器弯头,经常积水,干燥不彻底,待金属温度降低后,又因大气湿蒸汽的凝结,金属表面又形成水膜,仍然会产生锈蚀。

近几年来,十八胺保养法开始在一些电厂应用,具有操作简单、保护范围广、无副作用、恢复系统快等优点。在余热锅炉停运前,往汽水系统中加入十八胺,保养液随汽水循环布满整个热力系统,在与设备和管道内表面接触时,形成分子层保护膜。机组停运后,这层保护膜就隔绝了空气、水对金属的侵蚀,从而保护了设备。在机组再次启动时,由于十八胺溶点低,受热后保护膜分解被水带走,金属表面恢复原状。

下文分三个阶段,简要介绍十八胺保养法典型操作要点:

(1)准备工作

药品的准备。常温下十八胺呈固态,不溶于水,不能直接加入到机组中,必须配制成10%十八胺制剂溶液。

加药量的计算。目前国内对于十八胺加药量还没有统一的标准,加入量的大小要根据余热锅炉的水容积来确定。

加药点的确定。十八胺加入应在短时间内完成,所以选取加药点时可以考虑在凝结水泵的入口母管处,利用负压抽吸作用加快加药速度,药品直接注入到机组公用系统,以最快速度到达整个系统。

(2)加药控制

将加药装置用除盐水清洗干净后,用除盐水配药,配药结束后启动搅拌泵搅拌,待溶解均匀后停止搅拌,运行人员通知可以加药时,启动加药泵,控制加药速度,在要求时间内完成加药。

燃气轮机停机前开始调整汽包水位,汽包水位调整至略低于正常运行水位;关闭余热锅炉、蒸汽轮机除盐水补水阀门,保养期间停止补水。

蒸汽轮机主汽阀前温度降至460 ℃左右,全关对空排气阀,满足加药条件开始加药并计时。加药过程中,关闭化学仪表取样阀,采用手动取样检测。加药过程中取样检测水质,直至样水至白色浑浊,确认药液已加入汽水系统内,加药结束后取样分析十八胺浓度。稳定运行两小时,停运余热锅炉,余热锅炉各汽水系统降压至0.5 MPa以下带压放水。

(3)系统保养效果确认

系统放水冷却后,应对主要部分进行憎水性检查。当水喷上金属表面时,立即结成水珠滑落,则说明金属表面明显已经形成了一层致密的防水膜。

7.2.5 停炉保养后的恢复

联合循环机组长时间停用后恢复启动时,为使机组启动后汽水品质在较短时间内满足要求,启动前应对余热锅炉上水冲洗,启动后加强排污。操作要点如下:

①余热锅炉具备上水条件,首先对低压省煤器、凝汽器进行冲洗。开启低压省煤器疏水阀,同时启动一台氨水泵加药,当排水清澈透明时关闭疏水阀向低压汽包上水。

②低压汽包上满水后,开始向高、中压汽包上水,上水同时保持加药泵运行。当余热锅炉各汽包都上满水后打开所有连续排污阀、定期排污阀以及省煤器疏水阀,将炉内的水全部放空。

③余热锅炉放空后再次上水,先向低压汽包上水,同时加药,上满水后,经化学人员取样化验,决定是否放水。待低压汽包水质合格后,再向高、中压汽包上水。

④高、中压汽包上水时加药泵继续运行,待高、中压汽包上满水后,经化学人员取样化验,决定是否放水。

⑤在机组启动时,启动所有加药泵,同时加强排污。化学人员应对全过程进行监护,并作出相应调整。

7.3 余热锅炉维护

目前国内F级燃气轮机联合循环电厂一般承担电网调峰任务,运行方式多为每日启停,机组设备承受复杂应力变化,因此机组疲劳损坏程度及故障概率高于带基本负荷的机组。

为适应调峰运行,余热锅炉本体及系统需要在设计、结构、安装、调试试验等方面采取一系列的针对措施。系统投入运行后,需要采用有效的运行及维修管理,以确保设备安全、稳定、经济运行。有效的运行及维修管理,核心是建立在设备状态基础上的预防/预测性维修和管理体制,运行人员对设备进行定期的检查和维护是其关键环节之一。

余热锅炉维护,亦即运行人员对余热锅炉系统和设备进行定期的检查和维护,系统、全面地监控设备状况并在早期阶段发现设备故障,配合设备管理人员进行必要的试验以确保保护装置等的可靠性。余热锅炉维护一般包括:

①运行设备例行巡视检查及现场监测、记录。

②转动机械定期切换、定期试运行,阀门及转动机械润滑保养。

③现场仪器仪表必要的维护操作(如液位计冲洗)。

④配合设备技术管理人员的其他试验工作,如安全阀在线校验,水压试验。

本节主要介绍余热锅炉维护的主要内容及维护工作。

7.3.1 日常巡视检查

定期巡视检查要求运行人员按规定时间、内容及线路对余热锅炉设备进行定期巡回检查,认真测评设备的运行状况及备用设备状况,发现异常后采取及时有效的处理措施,确保设备的安全经济运行。

(1)巡视注意事项

①根据电厂安全管理条例，佩戴合适的安全保护用品和通讯设备，做好安全防护措施，确保人身安全。

②巡视过程中要运用测温仪、测振仪以及听针器等，检查设备是否有"跑、冒、滴、漏"等现象，对于高温、高压设备要特别重视。

③不要在高温、高压管道和法兰接口处久留，减少泄漏带来的人身危害风险。

④发现异常要及时向当班值长汇报。

(2)设备巡视主要内容

每日启停的调峰机组，由于受频繁交变应力的影响，设备连接部分和应力集中部位出现松动、脱落和裂缝的可能性较大，因而在巡视时应细心观察。

①核对高压、中压及低压汽包就地压力表、水位计、过热蒸汽压力、温度与 DCS 中的参数是否一致，记录异常情况并通知相关人员。

②检查各管道支吊架保温是否完好、摆动是否正常。

③检查各对空排气阀、连续排污阀、紧急放水阀是否有内漏，如果内漏较大，手动关紧。确认系统阀门位置正确、无泄漏。

④检查汽包及受热面集箱的膨胀情况。

⑤检查汽水管道有无泄漏，烟道各入孔门、测点、堵头有无漏烟。

⑥检查疏水扩容器的疏水一二次阀是否泄漏。

⑦检查各泵电流、进口滤网压差、进出口压力、轴承温度、填料密封情况等是否正常。密切监视给水泵的振动情况，如果发现振动超过允许值，应立即切换泵，以免破坏平衡鼓(平衡盘)。应尽量避免泵频繁启动，以免破坏平衡鼓或平衡盘。

⑧检查给水泵冷却水量、压力正常。应避免给水泵长时间低流量运行。

⑨定期给转动机械轴承添加滑油或更换滑油。

⑩ 检查出口烟气挡板位置，挡板执行机构完好，无锈蚀。

⑪就地水位计应定期排污和冲洗，以防止结垢。

⑫检查仪用压缩空气压力正常、无泄漏。

⑬确认炉水化验合格。

7.3.2　常规维护

余热锅炉的转动设备需要良好润滑并按规定进行定期切换。露天的阀门等设备为防止阀门因氧化锈蚀而卡涩，也需要进行润滑维护。

(1)加注滑油

加注滑油时要注意以下事项：

①确认经化验合格的备用滑油标号正确，颜色正常，没有杂质。

②给运行中的转动设备添加滑油时要选择合适的位置和方向，防止杂物跌落到转动部分。

③添加滑油至正常液位后，观察滑油液位是否有快速下降的情况，若出现滑油液位快速下降则应考虑切换至备用设备。

(2)定期切换

为了提高设备运行的可靠性,转动设备要定期切换。定期切换工作应尽量在余热锅炉停炉后进行,在切换时应注意以下事项:

①确认备用泵状态完好。

②确认备用泵进/出口阀门位置正确。

③对长时间未运行的,或者检修后重新回装的泵,切换前要进行手盘或点动正常后试运,试运正常后方可投入。

④严密监视切换设备投运后的参数变化。

(3)阀门维护

余热锅炉的阀门阀杆需要加二硫化钼或其他油脂润滑,必要时加保护套。重点注意温度高、频繁开启、工作环境差的阀门。大型手动阀要定期进行灵活性试验,防止时间过久操作时阀杆卡涩。

7.3.3 汽包水位计维护

不同工作原理的水位计,维护方式不一样。目前F级余热锅炉配置的典型水位计有磁翻板水位计、双色水位计和差压水位计。磁翻板水位计需要检修人员定期解体清洗,当浮子发生卡涩时,需要用磁体进行强制复位。而差压水位计不需要运行人员进行维护,需要运行人员定期维护的水位计主要为双色水位计。

为了确保双色水位计指示清晰、准确,运行人员必须做好现场水位计和远传水位计的核对和水位计的正常维护。

(1)水位计核对

余热锅炉启动频繁,在余热锅炉启动前和运行期间,应分别进行一次就地水位计(双色水位计)与电接点水位计、CRT上水位显示的核对工作,保持水位显示的一致性,确保水位显示准确。余热锅炉运行中应至少保持两台就地汽包水位计及两台远方汽包水位指示器完好。

(2)水位计的冲洗

水位计长期运行会结垢,显示不清晰,可根据需要进行冲洗。水位计冲洗分汽侧冲洗和水侧冲洗。水位计冲洗应严格按照规程要求进行,以下冲洗方法可供参考。

①开启水位计的放水门,使汽连通管、水连通管、水位计本身同时受到汽与水的冲洗。

②关水位计的水连通门,使汽连通管及水位计本身受蒸汽的冲洗。

③将水位计的水连通门打开,关闭汽连通门,使水连通管受到水的冲洗。

④开汽连通门,关闭放水门,冲洗工作结束,恢复水位计的正常运行。

水位计在冲洗过程中,必须注意防止汽连通门、水连通门同时关闭。这样会使汽、水同时不能进入水位计,水位计迅速冷却,冷空气通过放水门反抽进入水位计,使冷却速度更快,当再开启水连通门、汽连通门,工质进入时,温差较大会引起水位计的损坏。在工作压力下冲洗水位计时,放水门开度不宜过大。因水位计压力与外界环境压力相差很大,若放水门开度过大,汽水剧烈膨胀,流速较高,有可能冲坏云母片或引起水位计爆破。另外,冲洗水位计时,要注意人身安全,防止汽水冲出烫伤人。

若水位计经过反复冲洗仍不清晰时,为安全起见应停止冲洗,更换云母密封组件。

水位计冲洗时,为了防止意外,应注意以下事项:

①避免正视汽包水位计，开关阀门应缓慢，防止水位计热胀冷缩发生爆裂。

②操作完毕，应检查水位情况和各部件无漏汽、漏水。

③汽包水位计投入运行后确认水位指示正常。

④水位计冲洗需要专人监护。

7.3.4　余热锅炉试验

为确保余热锅炉安全运行，防止事故发生，根据国家相关规程、行业标准及电厂设备管理制度，余热锅炉需要定期进行锅炉检验试验，一般包括水压试验、安全阀放汽试验、安全阀在线校验以及各类仪器仪表的定期检验等。在上述试验中，运行人员需要配合其他技术部门，严格执行试验方案与操作规范的要求。

(1) 水压试验

水压试验一般分超压水压试验和工作压力下的水压试验。超压水压试验是在安装阶段以及在役机组符合试验条件情况下进行，必须严格遵照国家相关检验规程规定。

工作水压试验一般是在受热面维修或更换等条件下，为检验焊接质量等目的而实施，一般配合大修或余热锅炉爆管事故处理进行。

超压水压试验属于余热锅炉的重大特殊项目，需要事先制定详细的试验方案、完善的事故应急预案、分工明确的组织结构，联合具有安装、检修资质的单位一起实施，一般情况下需要当地政府技术监督部门（锅检所）工作人员现场见证。超压压力规定值按照表 7.2 执行。

表 7.2　水压试验压力

名　称	汽包（锅壳）工作压力 p	试验压力
余热锅炉本体	<0.8 MPa	1.5 p 但不小于 0.2 MPa
余热锅炉本体	0.8～1.6 MPa	p+0.4 MPa
余热锅炉本体	>1.6 MPa	1.25 p
直流余热锅炉本体	任何压力	介质出口压力的 1.25 倍，且不小于省煤器进口压力的 1.1 倍
再热器	任何压力	1.5 倍省煤器的工作压力
铸铁省煤器	任何压力	1.5 倍省煤器的工作压力

注：a.表中的工作压力，系指安全阀装置地点的工作压力，对于脉冲式安全阀系指冲量接出地点的工作压力。

b.安全阀的回座压差，一般应为起座压力的 4%～7%，最大不超过 10%。

c.参照《锅炉安全技术监察规程》(TSG G0001—2009)。

超压水压试验步骤大致如下：

①系统上水，充满水并排尽空气，检查本体、管道应无泄漏。

②系统升压，控制升压速度在 0.2～0.3 MPa/min，当系统压力升至试验压力的 10%时，停止升压，全面检查。

③继续升压至工作压力，停止升压，全面检查。

④继续升至超压压力下保持 20 min，然后降到工作压力，降压速度为 0.4～0.5 MPa/min，并全面检查。

⑤检查中如未发现受压部件变形、破裂、渗漏情况，则认为水压试验合格。

⑥缓慢泄压至大气压力，并打开汽包对空放气阀；

⑦水压试验完毕后，拆除临时系统及设备，恢复原系统。

⑧对于 F 级联合循环余热锅炉，如果余热锅炉在超压期间 20 min 内压力降幅小于 0.6 MPa，则可认为水压试验合格。

超压水压试验注意事项：

①水压试验所用的水应当是除盐水，水温应当保持高于周围露点的温度以防表面结露，但也不宜温度过高以防止汽化和过大的温差应力，一般为 20~50 ℃。

②水压试验时停止水压范围内的一切工作，余热锅炉区域内禁止施工，严禁在承压部件上引弧、施焊。

③余热锅炉水位计可以参加正常水压试验，但不参加超压试验。

④余热锅炉超压试验期间严禁敲打受压部件。

(2)安全阀试验及校验

安全阀作为余热锅炉的重要安全附件，按国家技术监督相关规定，需要定期进行冷态及热态校验。安全阀冷态校验按照国家技术监督规范要求，必须送到具备校验资质的余热锅炉压力容器安全阀校验机构进行，校验合格后方可继续使用。

安全阀热态校验是为了确保安全阀在工作状态下，受热应力影响后仍然保持其正常的保护功能，不发生拒动、误动等情况，一般要求在运行状态下委托具备相关资质的机构实施。不具备冷态校验条件的安全阀，必须定期进行热态校验。

1)安全阀放汽试验

按余热锅炉技术监督规范要求，为确保安全阀的动作可靠性，防止安全阀因阀芯阀座粘结等原因拒动，需要定期进行放汽试验。放汽试验一般由电厂相关技术部门制定规范并执行，通过操作安全阀手柄实现，期间由运行人员监护。

2)安全阀校验

安全阀校验可以分为冷态校验、热态校验两种，其目的为确保安全阀能够在系统达到设定压力值时自动开启，低于设定值时自动关闭，从而确保系统安全。安全阀的压力整定值如表 7.3所示。

表 7.3　安全阀的压力整定值

额定蒸汽压力/MPa	安全阀整定压力	
	最低值	最高值
$p \leqslant 0.8$	工作压力+0.03 MPa	工作压力+0.05 MPa
$0.8<p \leqslant 5.9$	1.04 倍工作压力	1.06 倍工作压力
$p>5.9$	1.05 倍工作压力	1.08 倍工作压力

热态在线校验能够最大程度模拟安全阀的真实工作状态，检验安全阀的动作灵敏性和正确性，因此成为余热锅炉安全监察的主要工作之一。通常需要委托具有专门资质的机构进行校验。校验的方法是通过液压专用工具，在安全阀工作压力下附加一定增量使之达到动作压力值，一旦安全阀阀芯离开阀座，压力马上丢失，阀芯回位。校验合格后应加锁或铅封。

安全阀在线校验时，运行人员应严密监盘，防止安全阀发生误动或者不回位时压力、水位大幅波动而影响机组安全运行。

复习思考题

1.余热锅炉停炉应遵循哪些原则？

2.余热锅炉停炉怎么分类？有何差别？

3.锅炉停炉时水位控制应注意哪些事项？

4.锅炉停运后运检人员应注意哪些事项？

5.如何选择合适的保养方法保养余热锅炉？停炉时如何进行十八胺保养法保养锅炉？

6.停炉保养后，如何恢复余热锅炉，满足启动要求？

7.运行人员定期巡视检查余热锅炉的项目有哪些？

8.简述汽包水位计冲洗及操作。

9.为何要热态校验安全阀，校验过程运行人员应注意什么？

第8章 事故处理

锅炉事故是指锅炉运行过程中，锅炉参数超过规定值，经调整无效，锅炉主要设备发生故障、损坏，造成少发电和少供汽或人员伤亡。引发锅炉事故的原因有很多，设备本身缺陷，对异常情况的判断或处理错误等都可能造成事故或扩大事故。

锅炉运行中可能发生各种事故，根据事故严重程度的不同，通常将锅炉事故分为爆炸事故、重大事故、一般事故三类。

爆炸事故：锅炉主要受压元件如汽包、受热面、集箱等发生较大尺寸的破裂，瞬间释放大量介质和能量，造成爆炸。

重大事故：锅炉部件或元件严重损坏，被迫停止运行进行检修的事故，即强制停炉事故。这类事故有多种，不仅影响生产也会造成设备损坏及人员伤亡。

一般事故：锅炉在运行中发生故障，但情况不严重，不需要立即停止运行。

8.1 锅炉事故处理原则

锅炉事故有很多种，即使同一类事故引发的原因也不完全相同。所以正确分析运行工况的变化，及早发现事故的前兆，并及时采取措施防止事故的发生和正确处理事故都有很重要的意义。

锅炉事故处理原则：

锅炉事故发生时，应按“保人身、保电网、保设备”的原则进行处理。

①事故发生时，运行人员应根据仪表指示和设备异常征象判断事故确已发生；应迅速解除对人身和设备的威胁，必要时应立即解列或停用发生故障的设备，采取一切可行措施防止事故扩大；迅速查清事故的性质、发生地点和损伤的范围。

②事故发生后应立即查明原因并采取相应措施，尽快恢复机组正常运行，满足负荷的需求；在确认机组不具备运行条件或继续运行将对人身、设备安全有直接危害时，应立即停止运行。

③事故出现时，运行人员应核对有关仪表指示，出现任何异常现象时，都不应首先怀疑仪表的正确性，以避免异常事故扩大。

④事故处理时，当班值长是组织者和领导者，但在威胁人身或设备安全的紧急情况下，值班员有权单独进行处理，以防止事故进一步扩大。处理后必须尽快向当班值长汇报。

⑤在事故处理过程中，各岗位应互通情况，密切配合，运行人员未经允许不得擅自离开工作岗位；如果故障发生在交接班的时间，交班人员应继续在其岗位上处理事故，接班人员协助处理，直至事故处理告一段落或接班值长同意接班后，方可进行交接班。

⑥紧急事故处理时可以不使用操作票，但必须遵守有关规定。

⑦发生重大事故应立即向有关领导汇报。

⑧在事故处理期间，有关领导应迅速到现场监督，协助处理事故。

⑨发生事故紧急停机后，应尽量确保不失去厂用电；在未查明原因未排除故障前禁止重新启动。

⑩事故处理完毕，运行人员应实事求是地向上级汇报，并及时保存事故发生时的运行数据、曲线记录和各种报警信息。并把事故发生的时间、现象及所采取的措施等如实地记录在运行日志中。

8.2　锅炉常见事故处理

锅炉事故发生时通常会引发锅炉保护动作。锅炉主保护的主要作用是在机组启动、停运和运行过程中发生危及设备和人身安全的故障时，自动采取保护措施及连锁控制，防止事故发生或避免事故扩大，确保机组的正常启停和安全运行。余热锅炉主保护有蒸汽压力保护、蒸汽汽温保护、水位保护、热应力保护、给水泵故障保护、联合循环保护等。本节主要介绍与余热锅炉相关的事故处理原则及典型的事故案例。

8.2.1　锅炉水位事故

大型余热锅炉蒸发量大，汽包水容量相对较小，额定负荷下若中断给水，汽包水位会在短时间内消失。如果给水调节失灵，给水量与蒸发量不相适应，几分钟内可发生缺水或满水事故。锅炉水位事故的后果十分严重，一旦发生而又未能及时、正确地处理时，将导致锅炉设备严重损坏。

(1)锅炉满水

在锅炉运行中，锅炉水位高于最高安全水位而危及锅炉安全运行的现象，称为满水事故。满水事故可分为轻微满水和严重满水两种。如水位超过最高许可水位线，但低于水位计的上部可见边缘，或水位虽超过水位计的上部可见边缘，但在开启水位计的放水阀后，能很快见到水位下降时，均属于轻微满水。如水位超过水位计的上部可见边缘，当打开放水阀后，在水位计内看不到水位下降时，属于严重满水。

锅炉满水会造成蒸汽大量带水，降低蒸汽品质，影响正常供汽，严重时会使过热器管积垢，还可能造成蒸汽管道水击，甚至造成汽轮机进水，损坏设备。余热锅炉运行中水位监视和调节的重点在于防范锅炉满水事故发生。

1)锅炉满水现象

①高水位警报信号出现。

②水位高于最高许可线，或看不见水位。

③双色水位计全部指示水相颜色。

④过热蒸汽温度明显下降，饱和蒸汽含盐量增加。

⑤给水流量不正常地大于蒸汽流量。

⑥严重满水时蒸汽大量带水，蒸汽管道内发生水击。

2）锅炉满水的原因

①运行人员疏忽大意，对水位监视调节不及时或误操作。

②给水自动控制装置失灵，给水调整装置故障，未及时发现和处理。

③燃气轮机负荷增加过快或给水压力突然升高。

④水位变送器水侧放水阀漏水，造成控制系统中显示水位低于实际水位。

⑤安全阀动作，蒸汽压力突降。

3）锅炉水位异常升高处理

锅炉满水情况下一般保护动作跳炉。锅炉运行中水位异常升高时，应采取合理的措施防止发生锅炉满水跳炉事故，一般采取如下处理措施：

①将给水自动控制改为手动控制，减少给水量。

②核实就地水位计。

③若水位继续升高，应开启锅炉紧急放水阀或排污阀；水位仍上升继续关小或关闭给水阀，停止锅炉上水，并打开过热器及蒸汽轮机主汽门前疏水阀，必要时降低燃气轮机负荷，调整锅炉水位，直至锅炉水位恢复正常。

④若汽包已严重满水，水位已超过上部可见位则应立即停炉，关闭主汽门，打开蒸汽轮机管道所有疏水阀，加强放水，直至水位在汽包水位计中出现。

⑤若因锅炉负荷骤增引起水位高，应暂缓增加负荷，若因给水压力异常升高引起汽包水位升高，应检查给水压力，打开相应放水阀，维持给水压力，使锅炉恢复正常。

（2）锅炉缺水

在锅炉运行中，锅炉水位低于最低安全水位而危及锅炉安全运行的现象称为锅炉缺水事故。

锅炉缺水事故如果处理不当，会对设备造成不利影响。当锅炉出现缺水现象时应立即查找原因并调整处理至正常，当出现严重缺水故障时应紧急停炉，并且禁止补水。当锅炉发生严重缺水时，可能汽包内已完全无水，或蒸发器管已部分干烧、过热，在这种情况下，如果强行往锅炉内补水，由于温差过大，会产生巨大的热应力而使设备损坏。同时，水遇到灼热的金属表面，会瞬间蒸发产生大量蒸汽，使蒸汽压力突然升高，甚至造成严重振动或更严重的爆管事故。因此锅炉发生严重缺水时，必须严格按照规程处理，决不允许盲目上水。

1）锅炉缺水现象

①低水位警报信号出现。

②水位低于最低安全水位线或看不见水位。

③双色水位计全部呈气相指示颜色。

④过热器蒸汽温度急剧上升，高于正常出口蒸汽温度，减温水量增大。

⑤给水流量不正常地小于蒸汽流量，如若因炉管或省煤器管破裂造成缺水时则出现相反现象。

⑥锅炉排烟温度升高。

⑦缺水严重时炉管可能破裂,炉内有异常声,锅炉烟囱有白色汽水冒出。

2)锅炉缺水的原因

①运行人员疏忽大意,对水位监视不够,判断与操作错误。

②运行人员或维修人员冲洗水位计或维修水位计时误将汽、水阀关闭,造成假水位。

③冲洗水位计不及时,使水位计堵塞造成假水位。

④给水设备发生故障,给水自动调节失灵或水源中断,停止供水。

⑤给水管道堵塞或破裂,给水系统的阀门关闭或损坏。

⑥排污阀泄漏或未关闭。

⑦受热面管破裂。

3)锅炉缺水处理

①当锅炉蒸汽压力和给水压力正常而汽包水位降至正常水位以下时即轻微缺水,应将给水自动控制改为手动控制并增加给水量,核对就地水位计。

②加大给水,汽包水位仍很低,应确认锅炉定期排污阀、连续排污阀、疏水阀等阀门关闭严密。

③采取以上措施水位仍继续下降并达到允许最低水位时,可考虑逐步降低燃气轮机负荷并停炉。

④当锅炉严重缺水时应立即停炉。严禁向锅炉上水。

锅炉启停过程中,随着燃气轮机负荷的变化应注意汽包水位的变化,并作相应的调整,防止汽包发生水位事故。日常启停过程中当蒸汽轮机旁路阀动作时及水位控制三冲量切换时,应加强水位监视并作适当的调整,防止发生水位事故。在冷态启动过程中,可考虑适当延长燃汽轮机低负荷运行时间,使锅炉均匀吸热,避免对虚假水位控制操作不当致使锅炉发生水位事故。

(3)典型案例

下面以某厂锅炉启动时水位低跳闸事故为案例,阐述锅炉水位事故处理的原则和要点。此案例仅用于说明事故处理的要点。

1)事故过程

机组热态启动。启动前已作好各项准备,高压汽包水位已调整至启动设定水位,采用APS半自动启动。燃气轮机点火后因高压主蒸汽压力较高,高压旁路系统很快进入最小压力控制模式。为维持主蒸汽压力,高压旁路阀开始打开,高压汽包压力随着高压旁路阀的打开开始下降,水位因汽包压力的快速下降而迅速上升。在汽包水位接近高一值时,操作人员手动打开高压汽包定期排污阀、蒸发器排污阀放水。由于旁路阀继续开启,汽包水位仍快速上升,当汽包水位超过0水位时,锅炉所有的放水阀均已打开,在整个水位上升过程中,水位最高值接近高二值。

旁路阀开启,高压蒸汽流量达到给水三冲量切换条件,给水控制方式由单冲量自动切换至三冲量。随后由于锅炉压力降低,为维持主蒸汽压力,高压旁路阀自动关小,当高压旁路阀关至0开度时,汽包水位开始下降,操作人员立刻关闭所有放水阀。此时高压给水流量控制因旁路阀关小,蒸汽流量降低,给水控制方式从三冲量往单冲量切换。锅炉水位降至启动设定水位时,给水旁路阀自动开启,但由于高压给水主路电动门还未关闭,给水泵勺管不满足进入压差模式的条件，勺管无法打开，不能给锅炉上水。当给水泵勺管进入压差模式后，自动开启给锅炉上水，此时虽给水旁路阀已全开，但锅炉水位已难以维持，锅炉水位达到保护动作值，机组跳闸。

2）事故原因分析

①水位上升原因

由于机炉均处于热态且高压主蒸汽的压力较高，使得在点火后高压旁路很快进入最小压力控制模式，高压旁路的快速动作导致高压汽包压力突然下降而产生虚假水位，水位快速上升。高压旁路的快速动作也使主蒸汽流量上升，导致高压给水主/旁路阀进行切换，在切换过程中会有给水继续进入汽包，导致水位进一步上升。

②水位下降的原因

水位下降有以下原因：

A.由于各放水阀开启放水，导致汽包水位的正常下降。

B.由于高压旁路过调，当主蒸汽压力下降时，高压旁路为了维持最小压力又开始快速关闭，导致汽包压力上升压低水位。

C.汽包压力正常下降，同时导致主蒸汽流量降低，高压给水主/旁路阀开始切换。在水位下降到高压启动水位设定值前，给水旁路阀未自动开启。同时由于高压给水泵的勺管进入“压差控制模式”的条件不满足，勺管未进入“压差控制模式”，无法维持给水差压，此时勺管虽然有开度，但由于高压给水泵出口压力小于汽包压力，实际上锅炉并没有上水。

在水位下降到启动设定水位后，给水旁路阀自动开启，此时勺管并未参与调节，尽管将给水旁路阀开大至100%，泵出口的压力仍小于汽包压力，锅炉无法上水，给水流量为0。

当给水主路电动阀完全关闭，勺管进入差压控制，勺管自动增加维持差压，但此时水位已经过低，主保护动作跳机。

3）一般处理方法

在热态启动前进行充分的疏放水，降低高压注蒸汽压力，可以使蒸汽轮机高压旁路系统随着主蒸汽压力的上升，逐步进入最小压力控制模式。蒸汽轮机旁路系统模式切换不会引起旁路阀快速开关，水位变化基本在可控范围内，但会引起汽水和热量的损失。若不采取提前降压启动，则可以在热态启动时手动控制高压旁路阀的开度，缓慢降压到最小压力时再投入高压旁路系统自动模式。该操作须缓慢小心，防止系统超压。

当给水旁路切换到主路时，应防止出现高水位；当给水主路切换到旁路时，应防止出现低水位。在调节水位时，注意蒸汽流量和给水流量的平衡关系以及给水压力和汽包压力的关系，必要时手动调节勺管开度。最好在高压给水主/旁路切换完成后切为手动控制，防止由于蒸汽轮机旁路阀动作导致高压给水主、旁路频繁切换而导致高压水位波动较大，给调节带来困难。

由于部分电厂中压汽包体积小，在冷态启动起压阶段如果遇到很小的压力扰动也会引起水位的很大波动。例如某电厂冷态启动升压阶段，因开启中压蒸汽出口主隔离阀，汽包压力下降引起汽包水位迅速上升超过了跳闸值，机组跳闸。因此在机组启动阶段，宜将中压汽包水位设定值调低。随着负荷的升高，中压蒸汽并汽前，适当提高中压汽包水位设定值，以防止并汽过程中蒸汽轮机中压旁路阀的关闭引起水位下降过快。

8.2.2　汽水共腾事故

在余热锅炉运行中,炉水和蒸汽共同升腾产生泡沫,炉水和蒸汽界限模糊不清,水位波动剧烈,蒸汽大量带水而危及锅炉安全运行的现象称为汽水共腾事故。汽水共腾事故发生时,水位难以监视。由于蒸汽中带有大量水使蒸汽品质下降,流经过热器会使过热器积垢过热,严重时发生爆管事故。

(1)余热锅炉汽水共腾的现象

①水位计内水位上下急剧波动,水位线模糊不清。

②炉水碱度、含盐量严重超标。

③蒸汽大量带水,蒸汽品质下降,过热器出口蒸汽温度下降。

④严重时蒸汽管道内发生水击、法兰连接处发生漏汽漏水。

(2)余热锅炉汽水共腾的原因

①炉水品质不符合水质标准,碱度、含盐量严重超标,给水中含有大量油污和悬浮物造成炉水品质严重恶化。

②排污操作不当,连续排污阀不开或开度太小,不进行定期排污或排污间隔时间过长。

③余热锅炉压力急剧下降,造成汽水共腾。

(3)余热锅炉汽水共腾的处理

①降低燃气轮机负荷并保持稳定,减少余热锅炉蒸发量。

②应停止加药,开启连续排污阀并适当开启定期排污阀,同时加大给水量以降低炉水碱度和含盐量并注意控制汽包水位。

③开启余热锅炉过热器、蒸汽管道和蒸汽轮机侧的疏水阀。

④维持汽包水位略低于正常水位。

⑤增加炉水取样化验次数,直至炉水合格。

⑥在炉水品质未改善前,严格控制余热锅炉蒸发量。事故消除后及时冲洗水位计。

8.2.3　受热面损坏事故

余热锅炉受热面损坏事故是指因受热面管的泄漏和爆破而被迫停炉进行设备修复的事故。

(1)受热面泄漏的现象

①受热面泄漏时炉膛内有异常声,排烟温度显著下降,烟囱排出烟气颜色变成灰白色或白色,炉体不严密处冒白汽或渗水。

②给水泵电流不正常地增大。

③省煤器管泄漏严重时给水流量不正常地大于蒸汽流量,汽包水位下降,排烟温度下降,烟气颜色变白。

④过热器或再热器管泄漏时局部管子可能出现超温。过热器爆管时蒸汽流量不正常地下降,且流量不正常地小于给水流量。过热器后的烟气温度不正常地降低或过热器前后烟气温差增大。损坏严重时,蒸汽压力下降。

⑤再热器管爆破时,蒸汽轮机中压缸进汽压力下降。

⑥蒸发器管爆破时汽包水位下降,大量增加给水也难以保持正常水位,蒸汽温度、蒸汽压

力下降较快。

(2)受热面损坏的原因

①管子材质不良,安装、检修质量不好。如管子焊口质量不合格;弯管时弯头壁厚减薄严重;蠕胀超限或已磨薄的管子漏检或未发现等。

②给水、炉水长期不合格,造成管内结垢,发生垢下腐蚀。管内结垢时,热阻大传热差、管壁得不到良好的冷却,易引起管子局部过热损坏;水中的氧对管子内壁的腐蚀,会使管壁变薄,强度降低而损坏。

③受热面工质流量分配不均或管内有杂物堵塞,造成局部管壁过热。

④过(再)热器发生烟气侧高温酸腐蚀,省煤器受到烟气侧低温酸腐蚀,引起受热面损坏。

⑤运行操作不当,启停过程中某些操作不符合要求,使管子受热不均而产生较大的热应力。运行中监视调节不当,过热器、再热器管长期超温运行。

⑥设计不当或运行操作不当,使非沸腾式受热面内产生蒸汽,引起水击。

⑦启动时,升负荷过快使受热面管壁得不到有效的冷却,管壁超温爆管。

(3)受热面损坏泄漏的处理

1)蒸发器及省煤器损坏的处理

若泄漏不严重,可以维持锅炉运行时,给水控制切至手动操作,维持汽包水位,降低余热锅炉蒸汽压力,申请停炉。若损坏严重,大量增加给水量也难以维持汽包正常水位,或虽能维持正常水位,但汽包壁温差超过允许值或蒸汽温度大幅降低,应紧急停止锅炉运行。

2)过热器、再热器管损坏的处理

过热器、再热器管损坏应降压、降低负荷,并维持各参数稳定,加强监视,请示停炉。严重泄漏或爆管时,应紧急停炉。

8.2.4 锅炉水击事故

余热锅炉运行中,汽包及管道内汽水与低温水相遇时,蒸汽被冷却,体积缩小后局部形成真空,水和汽发生高速冲击、相撞,高速流动的给水突然被截止,具有很大惯性力的流动水撞击管道部件,同时伴随巨大响声和震动的现象,称为锅炉水击(也称为锅炉水锤)事故。这种现象连续而有节奏地持续,将造成余热锅炉和管道的连接部件损坏,如法兰和焊口开裂,阀门破损等,严重威胁锅炉的安全运行。锅炉水击事故主要有汽包内水击、蒸汽管道水击、省煤器水击和给水管道水击四种。余热锅炉启停频繁,水击事故频度高于常规锅炉,应予以特别注意。

(1)锅炉水击现象

①在汽包和管道内发出有一定节奏的撞击声,有时响声巨大,同时伴有给水管道或蒸汽管道的强烈震动。

②压力表指针来回摆动,与震动响声频率一致。

③水击严重时,可能导致各连接部件损坏,如法兰、焊口开裂、阀门破坏等。

(2)锅炉水击的原因

①给水系统止回阀失灵引起炉水倒流或止回阀反复动作引起压力波动和惯性冲击。

②锅炉水位过低或下降管消漩装置故障致使炉水带汽。

③锅炉水位过高致使炉水进入蒸汽管道。

④锅炉启动时蒸汽管道疏水不彻底。

⑤锅炉负荷增加太快，造成蒸汽流速太快，蒸汽带水或锅炉水质不合格，发生汽水共腾蒸汽带水。

⑥锅炉启动时没有排尽系统管道内的空气。

⑦非沸腾式省煤器内发生汽化。

⑧给水温度变化过大，给水管道内存有空气或蒸汽。

⑨给水泵运转不正常或调节阀快开快关，造成给水压力不稳定。

(3) 锅炉水击的处理

①如止回阀失灵，应迅速停炉修理。

②汽包内发生水击时，对于有蒸汽加热装置的应立即关闭蒸汽加热装置。

③均匀平稳的给锅炉上水，避免调节阀快开快关。

④给水管道、省煤器发生水击时应适当加大给水流量，待水击消失后缓慢调小，若加大给水流量仍不能消除时应立即停炉。

⑤过热器集箱和蒸汽管道疏水要彻底，锅炉水位过高时应适当开启排污阀，保持水位正常并开启过热器集箱和蒸汽管道疏水阀。

⑥确保给水和炉水水质，避免发生汽水共腾。

⑦锅炉启动前应排尽系统管道内空气。

⑧严格控制省煤器出口水温，如发现温度过高可能发生汽化，应打开再循环管阀门，适当增大给水流量或降低燃气轮机负荷。

调峰机组每日启停，锅炉给水管道容易发生水击，通常发生在锅炉上水过程中，如调节阀突开突关、给水管道空气未排尽、给水泵发生气蚀等引起给水管道水击。给水管道发生水击时通常应适当开大调节阀加大给水流量，水击震动消失后逐步缓慢关小调节阀至合适开度。对过热器、再热器、蒸汽管道疏水一定要彻底，否则会引起蒸汽管道的水击。

8.2.5　锅炉超压事故

锅炉运行中，锅炉内的压力超过最高许可工作压力而危及安全运行的现象称为超压事故。最高许可压力可以是锅炉的设计压力也可以是锅炉经检验发现缺陷使强度降低而定的允许工作压力。总之，锅炉超压的危险性比较大，常常是锅炉爆炸事故的直接原因。余热锅炉一般不会发生超压事故，但不排除特殊情况下发生超压事故的可能。

(1) 锅炉超压的现象

①蒸汽压力急剧上升，超过许可工作压力，压力表指示超过安全阀动作压力后仍在升高。

②出现锅炉超压报警信号，超压连锁保护动作。

③蒸汽温度升高而蒸汽流量减少。

(2) 锅炉超压的原因

①蒸汽轮机故障或供热机组用汽单位突然停止用汽，使蒸汽压力急骤升高。

②安全阀失灵，不能开启。

③压力警报装置失灵，超压连锁保护装置失效。

④燃气轮机排气异常致使锅炉负荷不断升高。

(3) 锅炉超压事故处理

①迅速开启放气阀或压力控制阀，并降低燃气轮机负荷。

②加大给水同时加强锅炉排污,以降低炉水温度和汽包压力。

③如安全阀失灵或全部压力表损坏,应紧急停炉,待安全阀和压力表修好后再投入运行。

④锅炉发生超压危及安全运行时,应采取降压措施,但严禁降压速度过快。

⑤锅炉严重超压消除后,应停炉对锅炉进行内、外部检查,消除因超压造成的变形、渗漏等,并检修不合格的安全附件。

8.2.6 锅炉蒸汽温度超温事故

锅炉运行中蒸汽温度超过最高许可工作温度而危及安全运行的现象称为超温事故。过热器蒸汽温度偏高会加快金属材料的蠕变,还会使过热器、蒸汽管道、汽轮机高压缸等承压部件产生额外的热应力,缩短设备的使用寿命。严重超温时,甚至会造成过热器管爆管。再热蒸汽温度过高也会使设备使用寿命缩短,甚至发生爆管事故。当蒸汽温度偏离额定数值过大时,将会影响锅炉和蒸汽轮机运行的安全性和经济性,特别是再热蒸汽温度的急剧改变,会导致蒸汽轮机的中压缸和转子间的膨胀差发生显著变化,威胁蒸汽轮机的运行安全。由于燃气轮机排气温度的限制,余热锅炉一般不会发生超温事故。

(1)锅炉超温现象

①控制系统发出过热蒸汽温度高报警,超温连锁保护动作。

②若是由锅炉缺水引起,则过热蒸汽流量不正常地小于给水流量。

③蒸汽轮机功率不正常地上升,排汽温度升高。

④减温水流量不正常地增大。

(2)锅炉超温原因

①减温水调节装置失灵或减温水流量不足。

②锅炉受热面发生泄漏或锅炉缺水。

③燃气轮机排气温度异常升高。

④发生烟道再燃烧。

⑤温度测量装置失灵或不准确。

(3)锅炉超温处理方法

①确认温度计指示正确,若表计失灵或不准确应通知热工人员校正或更换表计。

②将减温水自动调节改为手动调节,适当增加减温水量。

③必要时降低机组负荷。

④温度上升超过极限值,应立即停炉。

⑤若锅炉发生受热面泄漏应逐步降低联合循环负荷停炉,若泄漏严重应立即停炉。

⑥锅炉发生超温停炉后不得立即给锅炉上水,应缓慢、逐步、适量地给锅炉上水,防止因锅炉部件应力变形导致事故扩大。

某些电厂在冷态启动过程中,容易出现高压蒸汽超温的现象,主要原因是减温水流量不足。因冷态工况下蒸汽轮机达不到进汽条件而不能进汽,余热锅炉的蒸发量跟不上燃气轮机排气温升速率,此时需要加大减温水量。特别是燃气轮机排气温度到达最高值时,由于系统设计原因或汽包水位的限制,高压给水泵勺管开度受限致使减温水流量不足,高压蒸汽温度居高不下,可通过降低燃气轮机负荷或改造减温水系统的方法解决。热态启动过程中,一般不会出现减温水流量不足的问题。

在夏季运行工况下环境温度升高、燃气轮机排气温度上升，应及时投入过热器、再热器减温水，控制蒸汽温度，防止超温。

8.2.7　厂用电丢失时锅炉操作要点

厂用电丢失时运行人员应沉着冷静，及时、有效、有序地实施应急操作，最大限度地降低损失和危害。

厂用电丢失判断：正常照明灯灭，应急照明灯亮，所有交流电动设备停运。

(1)操作指导原则

①防止锅炉超压。

②防止系统设备误动，以避免设备损坏。

(2)操作要点

①在电源恢复之前，应按紧急停炉程序处理。

②应将所有设备重新复位到关闭或停止状态，并解除转动设备的联锁保护，防止突然来电时，设备瞬间启动。

③确认汽包压力在安全范围，如超压安全阀拒动，打开相应的放气阀。

④关闭减温水阀、放水阀及排污阀，尽可能维持蒸汽压力和汽包水位。

⑤手动关闭过/再热蒸汽出口电动阀（仅限设有过/再热器出口阀的机组）。

⑥若在事故处理过程中，汽包水位过高，则打开相应锅炉侧及蒸汽轮机侧的疏水阀。

⑦密切监视锅炉压力、温度及水位变化，并采取切实可行的措施防止事故扩大。

⑧厂用电恢复后，全面检查设备，逐步恢复各系统运行。若汽包水位已严重超低（就地水位计看不见水位），必须采取措施，待就地水位计见水位后，方可缓慢给汽包上水。上水过程须密切监视汽包上下壁温差，确认汽水管道有无振动，并根据振动情况采取相应措施。

⑨做好启动前准备工作，满足启动条件后立即启动。

复习思考题

1.锅炉发生事故时，如何进行处理？

2.汽包满水事故有哪些原因，应如何处理？

3.锅炉水击有什么危害？余热锅炉水击产生的原因是什么，应如何避免及处理？

4.锅炉启动时应怎样防止水位事故？

5.汽包缺水事故有哪些原因，应如何处理？

6.简述余热锅炉蒸汽超温的原因，超温时应如何处理？

附 录

附录1 典型曲线和图表

本节卧式余热锅炉图表均来自厂家产品说明书。

1.1 卧式锅炉 *T-Q* 图

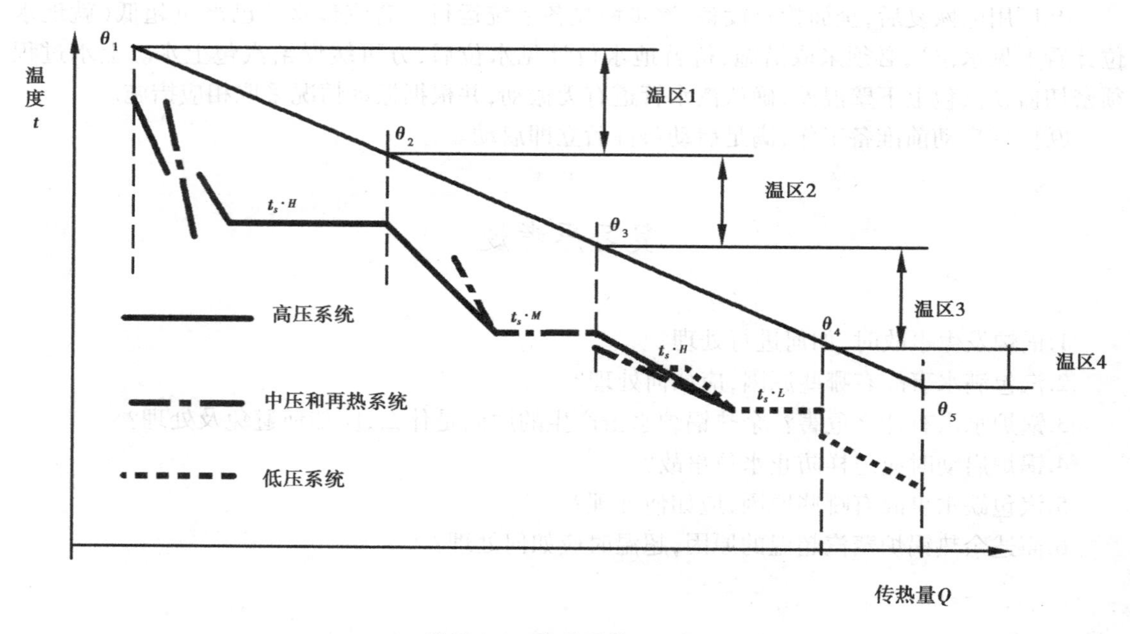

附录 1.1 卧式锅炉 *T-Q* 图

1.2 立式锅炉 *T*-*Q* 图

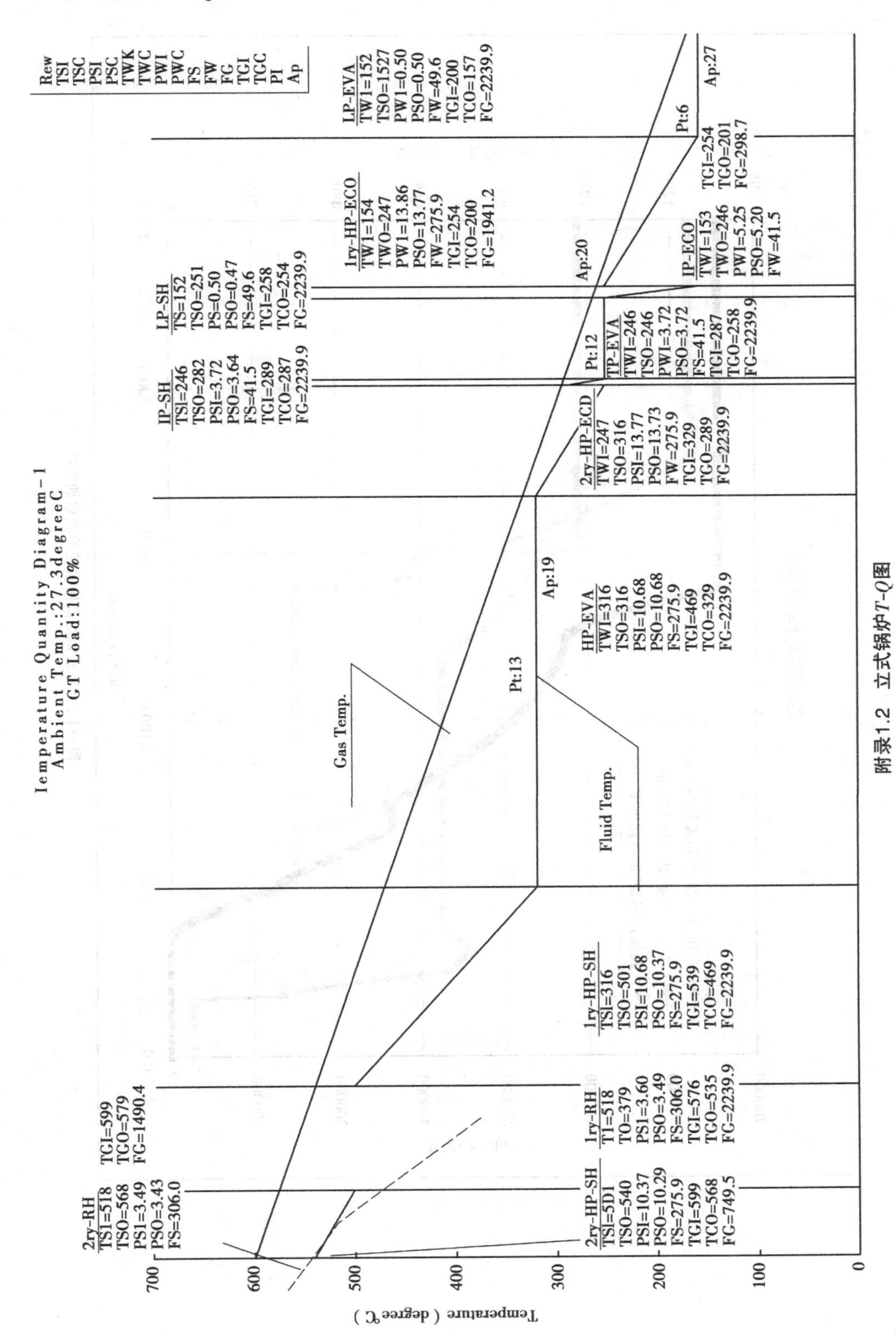

附录1.2 立式锅炉*T*-*Q*图

1.3 卧式锅炉高压系统冷态启动曲线

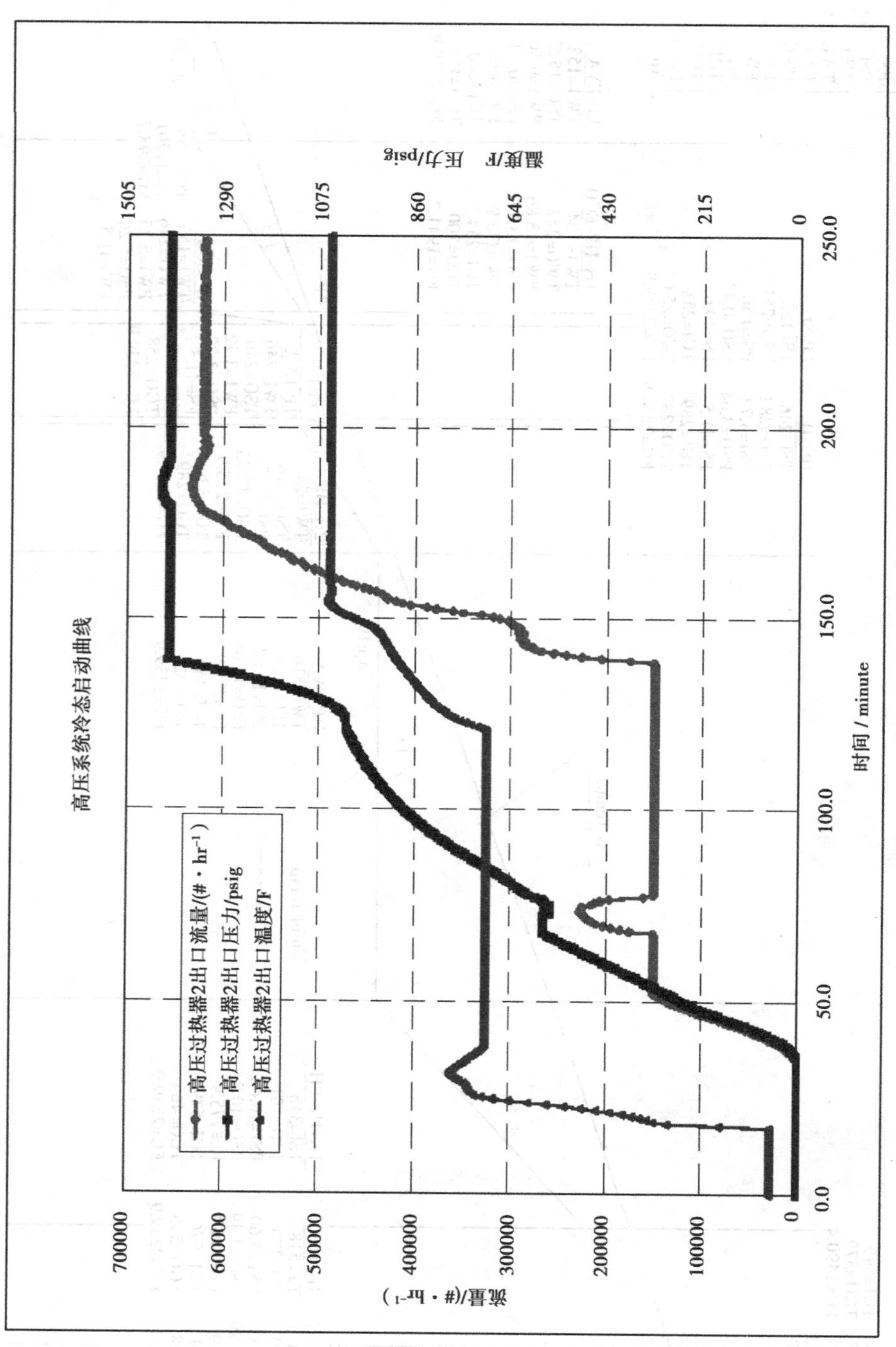

附录1.3 卧式锅炉高压系统冷态启动曲线

1.4 卧式锅炉中压系统冷态启动曲线

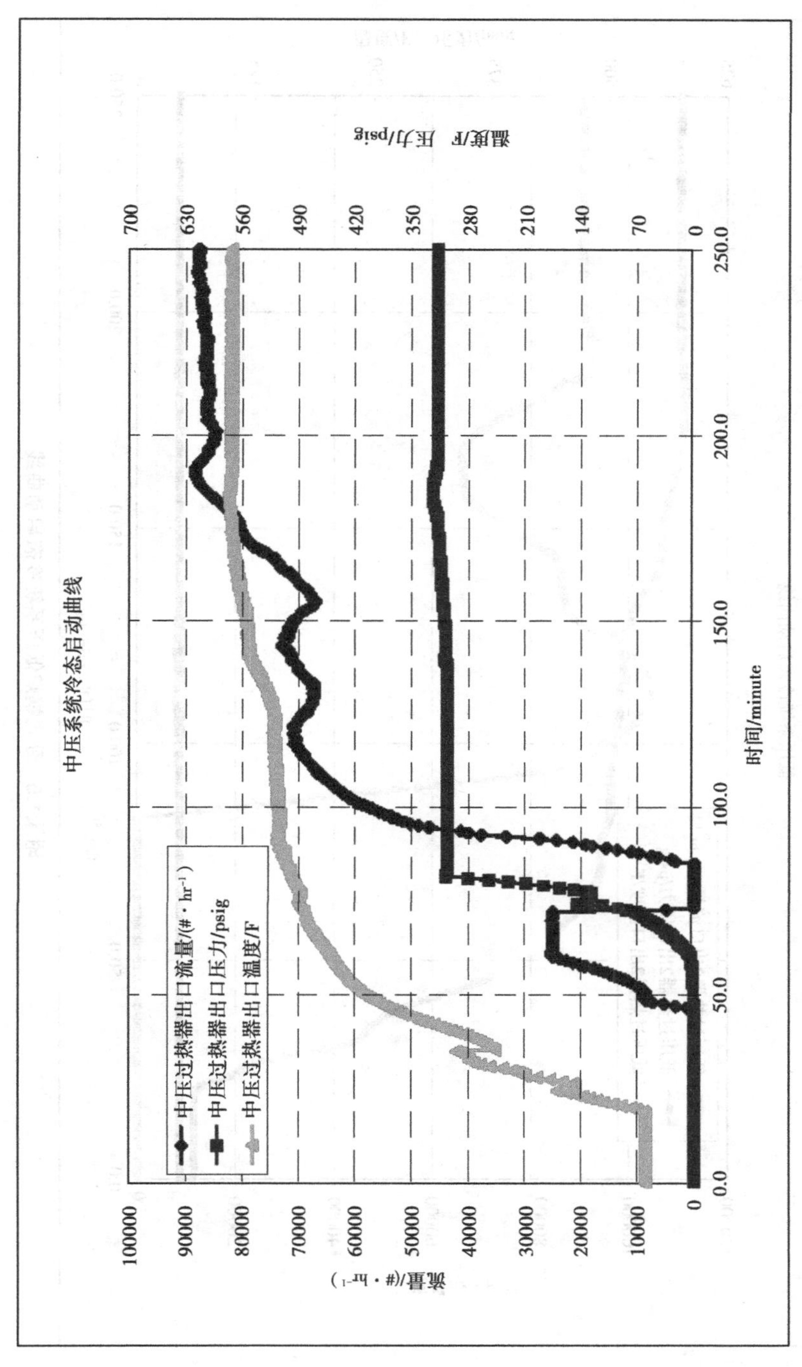

附录1.4 卧式锅炉中压系统冷态启动曲线

1.5 卧式锅炉低压系统冷态启动曲线

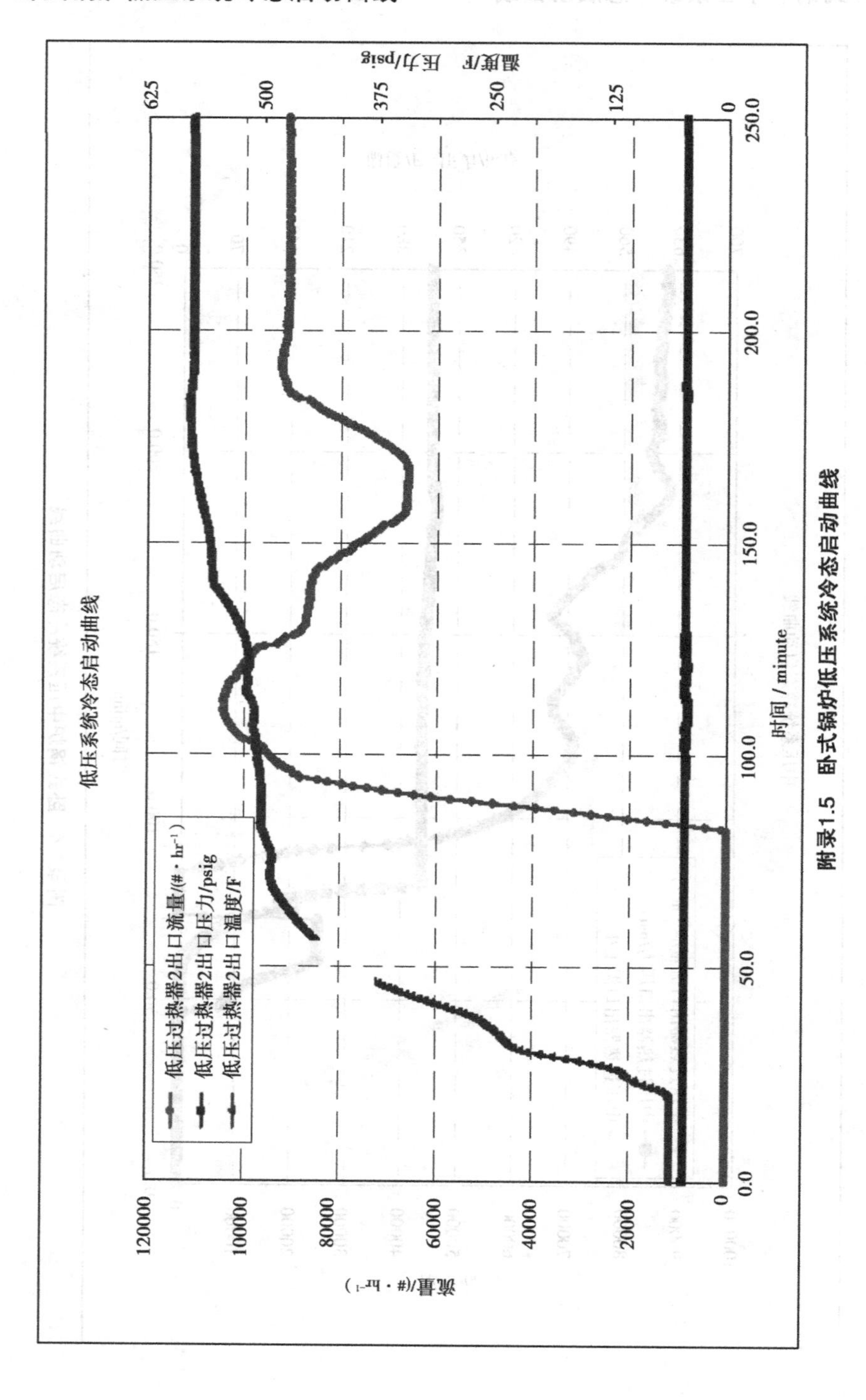

附录1.5 卧式锅炉低压系统冷态启动曲线

附录2　热力计算平衡表

本节余热锅炉数据均来自厂家产品说明书。

2.1　卧式锅炉热力计算平衡表1(100%负荷)

附录2.1　热力平衡计算表100%负荷

100%负荷																	
名称	单位	再热器2	HP过热器2	再热器1	HP过热器1	HP蒸发器	HP省煤器2	IP过热器	IP蒸发器	LP过热器2	HP省煤器1	IP省煤器	LP过热器1	LP蒸发器	LP省煤器2	LP省煤器1	烟囱
烟气侧																	
烟气流量	t/h	2239.9	2239.9	2239.9	2239.9	2239.9	2239.9	1237.8	2239.9	2239.9	1966.1	273.8	2239.9	2239.9	2239.9	2239.9	2239.9
设计压力	Pa(g)	6520	6520	6330	6330	5940	5210	5210	5210	5210	5210	4400	4400	4400	3580	3580	500
压降	Pa	84.2	87.9	209.5	147.5	649.9	317.1	79.2	231.2	88.2	312.1	312.1	78.0	336.0	329.0	114.8	77.7
进口温度	℃	598.1	588.3	567.7	526.7	466.7	327.7	287.4	285.6	256.7	254.5	254.5	202.9	201.1	159.2	114.8	86.9
出口温度	℃	588.3	567.7	526.7	466.7	327.7	287.4	284.1	256.7	254.5	203.4	199.6	201.1	159.2	114.8	86.9	
温降	℃	9.8	20.6	40.9	60.0	139.0	40.3	3.3	28.8	2.2	51.1	54.9	1.8	41.9	44.4	27.9	
比热	kJ/(kg·℃)	1.189	1.185	1.178	1.164	1.143	1.118	1.114	1.110	1.105	1.101	1.097	1.093	1.084	1.072	1.063	
放热量	GJ/h	26.21	54.69	107.89	156.67	355.37	101.16	4.56	71.8	5.5	110.3	16.5	4.6	102.0	106.7	66.2	
工质侧																	
工质流量	t/h	306.5	276.31	305.86	276.31	276.31	276.31	40.96	40.96	48.25	276.31	40.96	48.25	48.29	365.81	652.67	
设计压力	MPa	4.068	12.066	4.068	12.066	12.066	12.583	4.068	4.068	0.862	12.859	8.274	0.862	0.862	4.137	4.137	

续表

名称	单位	再热器2	HP过热器2	再热器1	HP过热器1	HP蒸发器	HP省煤器2	IP过热器	IP蒸发器	LP过热器2	HP省煤器1	IP省煤器	LP过热器1	LP蒸发器	LP省煤器2	LP省煤器1	烟囱
100%负荷																	
工质侧																	
进口压力	MPa	3.446	10.058	3.505	10.781	10.825	11.072	3.575	3.609	0.404	11.279	3.963	0.410	0.438	1.489	1.650	
出口压力	MPa	3.330	10.190	3.440	10.548	10.781	10.781	3.505	3.575	0.372	11.072	3.575	0.404	0.410	1.034	1.489	
压降	MPa	0.110	0.359	0.064	0.223	0.043	0.291	0.070	0.034	0.032	0.207	0.388	0.006	0.028	0.455	0.161	
出口温度	℃	568.0	539.3	532.1	465.4	317.3	314.2	278.5	245.4	247.9	244.6	243.8	194.9	152.7	152.6	84.2	
进口温度	℃	530.9	465.4	379.1	317.3	314.2	244.6	245.4	243.8	194.9	155.3	154.4	152.7	152.6	84.2	41.0	
温升	℃	37.1	73.9	153.0	148.1	3.1	69.7	33.1	1.7	53.0	89.3	89.3	42.2	0.1	68.4	43.2	
吸热量	GJ/h	26.13	54.53	107.57	156.19	354.31	100.85	4.55	71.57	5.45	110.00	16.45	4.57	101.69	106.38	66.00	

2.2 卧式锅炉热力计算平衡表 2(75%负荷)

附录 2.2 热力平衡计算表 75%负荷

名称	单位	再热器2	HP过热器2	再热器1	HP过热器1	HP蒸发器	HP省煤器2	IP过热器	IP蒸发器	LP过热器2	HP省煤器1	IP省煤器	LP过热器1	LP蒸发器	LP省煤器2	LP省煤器1	烟囱
75%负荷																	
烟气侧																	
烟气流量	t/h	1969.9	1969.9	1969.9	1969.9	1969.9	1969.9	1088.6	1969.9	1969.9	1728.5	241.4	1969.9	1969.9	1969.9	1969.9	1969.9
设计压力	Pa(g)	6520	6520	6330	6330	5940	5210	5210	5210	5210	5210	4400	4400	4400	3580	3580	500
压降	Pa	64.0	67.3	161.2	114.6	504.9	246.8	61.8	180.3	68.5	245.1	245.1	61.8	266.0	262.8	92.4	29.9
进口温度	℃	554.1	547.3	532.8	498.0	446.1	308.2	274.9	273.1	242.4	240.6	240.6	197.9	196.1	154.4	116.9	87.8

续表

75%负荷																
名称	单位	再热器2	HP过热器2	再热器1	HP过热器1	HP蒸发器	HP省煤器2	IP过热器	IP蒸发器	LP过热器2	HP省煤器1	IP省煤器	LP过热器1	LP蒸发器	LP省煤器2	LP省煤器1	烟囱
烟气侧																	
出口温度	℃	547.3	532.8	498.0	446.1	308.2	274.9	271.6	242.4	240.6	198.8	190.8	196.1	154.4	116.9	87.8	
温降	℃	6.8	14.6	34.8	51.9	137.9	33.2	3.3	30.7	1.8	41.7	49.8	1.8	41.6	37.5	29.2	
比热	kJ/(kg·℃)	1.172	1.168	1.165	1.156	1.130	1.110	1.105	1.101	1.097	1.093	1.089	1.084	1.080	1.068	1.059	
放热量	GJ/h	15.65	33.56	79.67	117.94	307.31	72.65	4.04	66.7	4.0	78.7	13.1	3.9	88.5	78.9	60.8	
工质侧																	
工质流量	t/h	245.93	218.54	245.92	218.54	218.54	218.54	36.80	36.80	41.63	218.54	36.80	41.63	41.67	296.98	511.60	
设计压力	MPa	4.068	12.066	4.068	12.066	12.066	12.583	4.068	4.068	0.862	12.859	8.274	0.862	0.862	4.137	4.137	
进口压力	MPa	2.659	8.273	2.711	8.462	8.503	8.639	2.783	2.823	0.352	8.769	3.093	0.357	0.385	1.336	1.435	
出口压力	MPa	2.570	7.990	2.659	8.273	8.462	8.462	2.711	2.783	0.327	8.639	2.783	0.352	0.357	1.034	1.336	
压降	MPa	0.088	0.283	0.052	0.189	0.041	0.177	0.072	0.040	0.026	0.130	0.310	0.005	0.028	0.302	0.099	
出口温度	℃	535.0	517.6	507.1	458.1	299.8	299.8	266.9	231.7	235.6	235.2	231.7	190.7	148.6	150.6	88.3	
进口温度	℃	507.1	458.1	363.9	299.8	299.8	235.2	231.7	231.7	190.7	154.4	152.2	148.6	148.6	88.3	39.5	
温升	℃	27.9	59.6	143.2	158.2	0.0	64.6	35.2	0.0	44.9	80.8	79.5	42.1	0.1	62.3	48.8	
吸热量	GJ/h	15.59	33.46	79.42	117.59	306.39	72.43	4.03	66.46	3.98	78.43	13.05	3.89	88.27	78.68	60.58	

2.3 卧式锅炉热力计算平衡表 3(50%负荷)

附录 2.3 热力平衡计算表 50%负荷

50%负荷																	
名称	单位	再热器 2	HP 过热器 2	再热器 1	HP 过热器 1	HP 蒸发器	HP 省煤器 2	IP 过热器	IP 蒸发器	LP 过热器 2	HP 省煤器 1	IP 省煤器	LP 过热器 1	LP 蒸发器	LP 省煤器 2	LP 省煤器 1	烟囱
烟气侧																	
烟气流量	t/h	1646.4	1646.4	1646.4	1646.4	1646.4	1646.4	909.9	1646.4	1646.4	1444.6	201.8	1646.4	1646.4	1646.4	1646.4	1646.4
设计压力	Pa(g)	6520	6520	6330	6520	5940	5210	5210	5210	5210	5210	4400	4400	4400	3580	3580	500
压降	Pa	45.6	48.1	115.6	82.4	361.2	175.9	44.1	128.3	48.6	175.9	175.9	44.3	192.8	193.0	68.0	-19.2
进口温度	℃	526.1	520.9	509.7	477.7	430.0	288.7	260.3	258.6	227.6	226.2	226.2	190.6	189.1	151.2	119.2	88.3
出口温度	℃	520.9	509.7	477.7	430.0	288.7	260.3	257.2	227.6	226.2	191.6	183.4	189.1	151.2	119.2	88.3	
温降	℃	5.2	11.3	31.9	47.7	141.3	28.4	3.1	31.0	1.4	34.6	42.8	1.5	37.9	31.9	30.9	
比热	kJ/(kg·℃)	1.160	1.156	1.153	1.143	1.122	1.101	1.097	1.093	1.089	1.084	1.084	1.080	1.072	1.063	1.055	
放热量	GJ/h	9.89	21.45	60.63	89.76	260.75	51.55	3.10	55.8	2.5	54.0	9.3	2.7	67.0	55.9	53.6	
工质侧																	
工质流量	t/h	193.53	171.43	193.53	171.43	171.43	171.43	29.95	29.95	31.40	171.43	29.95	31.40	31.43	232.78	389.14	
设计压力	MPa	4.068	12.066	4.068	12.066	12.066	12.583	4.068	4.068	0.862	12.859	8.274	0.862	0.862	4.137	4.137	
进口压力	MPa	2.049	6.403	2.090	6.556	6.593	6.661	2.152	2.190	0.328	6.741	2.354	0.331	0.359	1.221	1.280	
出口压力	MPa	1.980	6.180	2.049	6.403	6.556	6.556	2.090	2.152	0.313	6.661	2.152	0.328	0.331	1.034	1.221	
压降	MPa	0.069	0.223	0.041	0.152	0.038	0.105	0.062	0.038	0.015	0.080	0.202	0.003	0.028	0.187	0.059	
出口温度	℃	513.1	502.0	490.4	451.7	282.5	282.5	254.1	218.5	223.0	223.3	218.5	185.3	146.4	149.1	92.8	
进口温度	℃	490.4	451.7	349.7	282.5	282.5	223.3	218.5	218.5	185.3	152.2	150.0	146.4	146.4	92.8	37.9	

续表

50%负荷																
名称	单位	再热器2	HP过热器2	再热器1	HP过热器1	HP蒸发器	HP省煤器2	IP过热器	IP蒸发器	LP过热器2	HP省煤器1	IP省煤器	LP过热器1	LP蒸发器	LP省煤器2	LP省煤器1	烟囱
工质侧																	
温升	℃	22.7	50.3	140.8	169.2	0.0	59.2	35.6	0.0	37.7	71.1	68.5	38.9	0.1	56.3	54.9	
吸热量	GJ/h	9.85	21.39	60.44	89.50	259.97	51.39	3.10	55.60	2.51	53.88	9.33	2.70	66.79	55.76	53.48	

2.4 卧式锅炉热力计算平衡表4(30%负荷)

附录2.4 热力平衡计算表30%负荷

30%负荷																	
名称	单位	再热器2	HP过热器2	再热器1	HP过热器1	HP蒸发器	HP省煤器2	IP过热器	IP蒸发器	LP过热器2	HP省煤器1	IP省煤器	LP过热器1	LP蒸发器	LP省煤器2	LP省煤器1	烟囱
烟气侧																	
烟气流量	t/h	1639.0	1639.0	1639.0	1639.0	1639.0	1639.0	905.8	1639.0	1639.0	1436.5	202.5	1639.0	1639.0	1639.0	1639.0	1639.0
设计压力	Pa(g)	6520	6520	6330	6330	5940	5210	5210	5210	5210	5210	4400	4400	4400	3580	3580	500
压降	Pa	38.6	41.1	99.9	73.0	336.0	170.9	43.3	125.0	46.8	171.9	171.9	44.1	191.1	195.3	70.2	−35.1
进口温度	℃	429.1	426.9	422.4	400.9	377.1	276.4	257.0	254.6	215.7	214.6	214.6	190.8	189.3	151.1	133.6	100.1
出口温度	℃	426.9	422.4	400.9	377.1	276.4	257.0	252.6	215.7	214.6	193.3	173.1	189.3	151.1	133.6	100.1	
温降	℃	2.2	4.5	21.5	23.9	100.6	19.4	4.4	38.9	1.1	21.3	41.6	1.6	38.2	17.5	33.5	
比热	kJ/(kg·℃)	1.126	1.126	1.123	1.118	1.101	1.089	1.084	1.080	1.076	1.072	1.072	1.068	1.063	1.055	1.051	
放热量	GJ/h	3.96	8.31	39.61	43.77	181.86	34.76	4.28	68.9	1.8	32.8	9.0	2.7	66.6	30.3	57.6	

续表

名称	单位	再热器2	HP过热器2	再热器1	HP过热器1	HP蒸发器	HP省煤器2	IP过热器	IP蒸发器	LP过热器2	HP省煤器1	IP省煤器	LP过热器1	LP蒸发器	LP省煤器2	LP省煤器1	烟囱
		30%负荷															
		工质侧															
工质流量	t/h	145.31	115.55	145.31	115.55	115.55	115.55	35.86	35.86	31.25	115.55	35.86	31.25	31.43	182.66	262.99	
设计压力	MPa	4.068	12.066	4.068	12.066	12.066	12.583	4.068	4.068	0.862	12.859	8.274	0.862	0.862	4.137	4.137	
进口压力	MPa	1.458	5.494	1.487	5.571	5.608	5.619	1.604	1.641	0.328	5.655	1.890	0.330	0.359	1.151	1.178	
出口压力	MPa	1.410	5.39	1.458	5.494	5.571	5.571	1.487	1.604	0.313	5.619	1.604	0.328	0.331	1.034	1.151	
压降	MPa	0.048	0.104	0.029	0.077	0.037	0.048	0.118	0.037	0.014	0.037	0.285	0.003	0.028	0.117	0.028	
出口温度	℃	423.7	420.4	411.5	392.3	272.0	272.0	247.8	204.5	212.3	214.3	204.5	185.6	146.4	150.7	111.9	
进口温度	℃	411.5	392.3	287.9	272.0	272.0	214.3	204.5	204.5	185.6	150	148.9	146.4	146.4	111.9	37.0	
温升	℃	12.7	28.1	123.6	120.3	0.0	57.7	43.3	0.0	26.7	64.3	55.6	39.2	0.1	38.8	74.9	
吸热量	GJ/h	3.95	8.29	39.48	43.64	181.31	34.66	4.27	68.74	1.79	32.71	8.99	2.70	66.44	30.24	57.42	

2.5 立式锅炉热力计算平衡表

附录 2.5 立式锅炉热力平衡计算表

名 称	单位	100%负荷	75%负荷	50%负荷	30%负荷
锅炉效率	%	89.23	88.31	87.74	81.92
高压蒸汽量	t/h	282.15	221.95	174.65	113.78
高压过热器出口蒸汽压力	MPa	10.49	8.11	6.26	5.49
高压过热器出口蒸汽温度	℃	540	515	498.2	413
高压蒸汽纯度	10^{-6}	0.05	0.05	0.05	0.05
再热蒸汽量	t/h	309.72	246.87	194.84	145.53
再热器出口压蒸汽力	MPa	3.446	2.698	2.091	1.514
再热器出口蒸汽温度	℃	568	532.7	511	416.4
再热蒸汽纯度	10^{-6}	0.05	0.05	0.05	0.05
中压蒸汽量	t/h	38.47	34.37	18.1	35.11
中压过热器出口蒸汽压力	MPa	3.692	2.906	2.26	1.705
中压过热器出口蒸汽温度	℃	274.63	262.64	249.78	242.65
中压蒸汽纯度	10^{-6}	0.05	0.05	0.05	0.05
低压蒸汽量	t/h	48.97	41.54	31.18	33.19
低压过热器出口蒸汽压力	MPa	0.447	0.434	0.425	0.426
低压过热器出口蒸汽温度	℃	245.4	238	231.4	227.6
低压蒸汽纯度	10^{-6}	0.05	0.05	0.05	0.05
最大烟气侧静压降	kPa	3.462	2.815	2.716	2.103
最大汽水侧压降	kPa	732.1	553.1	522.7	194
给水含氧量	Mg/L	<0.007	<0.007	<0.007	<0.007
高压省煤器接近点温度	℃	4.03	0.19	0	0
中压省煤器接近点温度	℃	4.48	2.62	0.63	2.84
低压省煤器接近点温度	℃	4.13	2.6	1.89	0
高压蒸发器节点温度	℃	9.09	6.937	4.84	3.31
中压蒸发器节点温度	℃	8.77	7.94	6.44	8.35
低压蒸发器节点温度	℃	7.32	5.9	4.07	4.25
高压减温水量	t/h	0.096	0.0436	0.867	0.2
中压减温水量	t/h	0.727	0.16	0	2.786
锅炉噪声	dB	<85	<85	<85	<85

附录3 设备规范

3.1 典型卧式锅炉设备规范

名 称	单 位	设计工况参数
型 式	三压、一次再热、无补燃、自然循环、卧式余热锅炉	
高压部分		
最大连续蒸发量	t/h	276.31
过热蒸汽出口压力	MPa(g)	10.19
过热蒸汽出口温度	℃	540
再热部分		
最大连续蒸发量	t/h	306.15
再热蒸汽出口压力	MPa(g)	3.33
再热蒸汽出口温度	℃	568.0
冷再热蒸汽流量	t/h	264.90
冷再热蒸汽压力	MPa(g)	3.52
冷再热蒸汽温度	℃	396
中压部分		
最大连续蒸发量	t/h	40.96
额定蒸汽出口压力	MPa(g)	3.51
额定蒸汽出口温度	℃	278.5
低压部分		
最大连续蒸发量	t/h	48.24
额定蒸汽出口压力	MPa(g)	0.37
额定蒸汽出口温度	℃	248
凝结水温度	℃	38.5
给水加热器入口温度	℃	60
凝结水加热再循环量	t/h	286.9

汽包

项 目	单 位	高 压	中 压	低 压
设计压力	MPa(g)	11.82	4.03	0.86

续表

汽包				
项　目	单　位	高　压	中　压	低　压
最高工作压力	MPa(g)	11.02	3.7	0.48
汽包内径	mm	1900	1200	2400
汽包外径	mm	2110	1306	2440
汽包总长度	mm	15400	12900	14500
蒸汽净化装置型式	二级汽水分离装置			
汽包水容量	m^3	42.5	14.3	65.2
储水保持时间	min	2	5	5

3.2　典型立式锅炉设备规范

名　称	单　位	设计工况参数
型式	三压、一次再热、无补燃、自然循环、立式余热锅炉	
高压部分		
最大连续蒸发量	t/h	282.15
过热蒸汽出口压力	MPa(g)	10.49
过热蒸汽出口温度	℃	540
再热部分		
再热蒸汽流量	t/h	309.72
热再热蒸汽压力	MPa(g)	3.446
热再热蒸汽温度	℃	568
中压部分		
最大连续蒸发量	t/h	38.47
额定蒸汽出口压力	MPa(g)	3.690
额定蒸汽出口温度	℃	568
低压部分		
最大连续蒸发量	t/h	48.97
额定蒸汽出口压力	MPa(g)	0.477

续表

<table>
<tr><td colspan="5">低压部分</td></tr>
<tr><td>额定蒸汽出口温度</td><td colspan="2">℃</td><td colspan="2">245.4</td></tr>
<tr><td>给水温度</td><td colspan="2">℃</td><td colspan="2">154</td></tr>
<tr><td>排烟温度</td><td colspan="2">℃</td><td colspan="2">89</td></tr>
<tr><td colspan="5">汽包</td></tr>
<tr><td>项　目</td><td>单　位</td><td>高　压</td><td>中　压</td><td>低　压</td></tr>
<tr><td>设计压力</td><td>MPa(g)</td><td>11.9</td><td>4.2</td><td>1.0</td></tr>
<tr><td>最高工作压力</td><td>MPa(g)</td><td>11.02</td><td>3.68</td><td>0.449</td></tr>
<tr><td>汽包壁厚</td><td>mm</td><td>105</td><td>40</td><td>20</td></tr>
<tr><td>汽包外径</td><td>mm</td><td>2800</td><td>2600</td><td>2600</td></tr>
<tr><td>汽包总长度</td><td>mm</td><td>14100</td><td>4500</td><td>5400</td></tr>
<tr><td>蒸汽净化装置型式</td><td colspan="4">孔板、铁丝网</td></tr>
</table>

4.1.4 锅炉给水系统

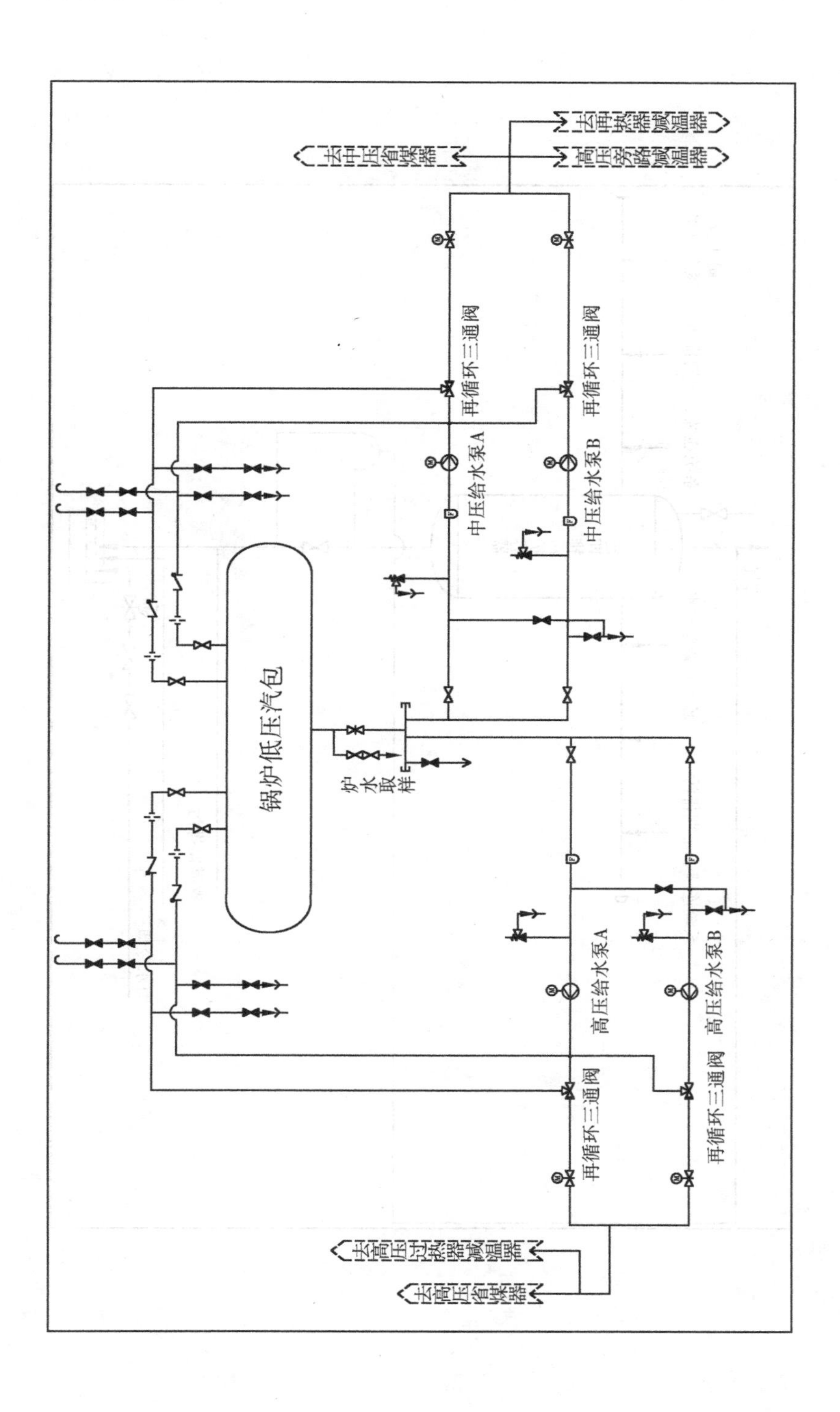
去再热器减温器
高压旁路减温器
去中压省煤器
再循环三通阀
再循环三通阀
中压给水泵A
中压给水泵B
锅炉低压汽包
炉水取样
高压给水泵A
高压给水泵B
再循环三通阀
再循环三通阀
去高压过热器减温器
去高压省煤器

4.1.5 锅炉排污扩容系统

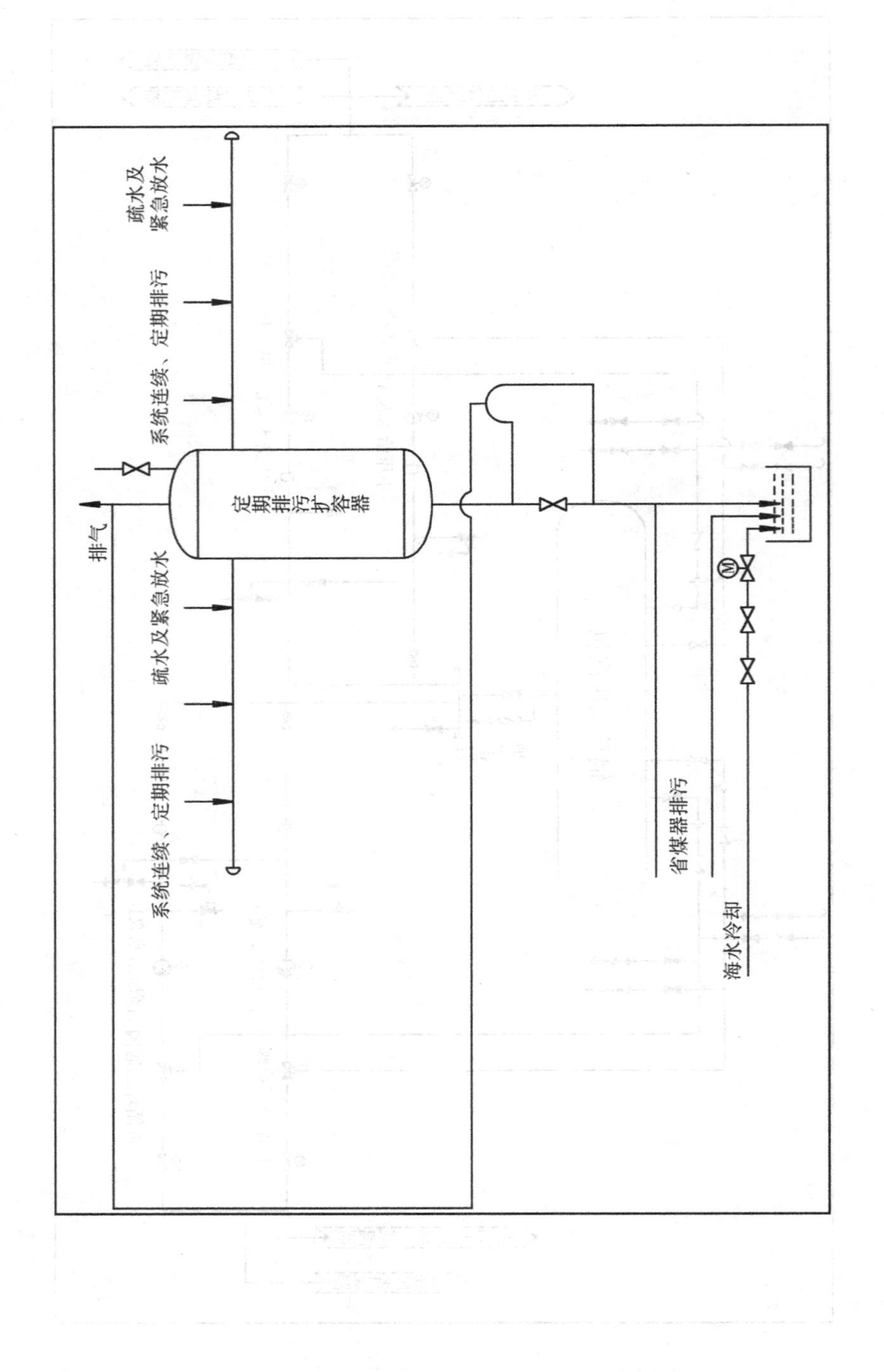

4.2.5 锅炉给水系统

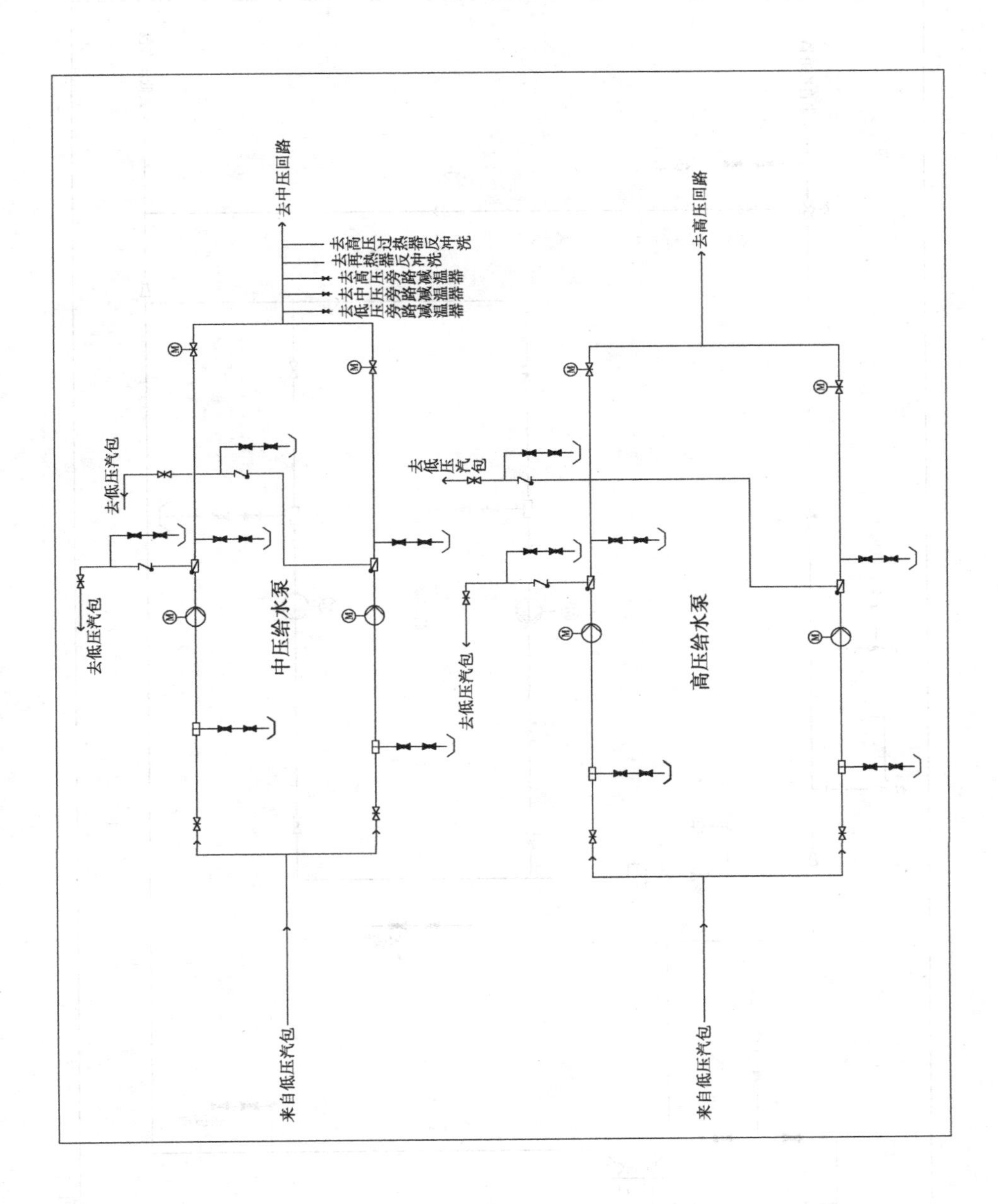
去中压回路
去高压过热器反冲洗
去再热器反冲洗
去高压旁路减温器
去中压旁路减温器
去低压旁路减温器
去低压汽包
去低压汽包
中压给水泵
来自低压汽包
去高压回路
去低压汽包
去低压汽包
高压给水泵
来自低压汽包

4.2.6 锅炉预热系统

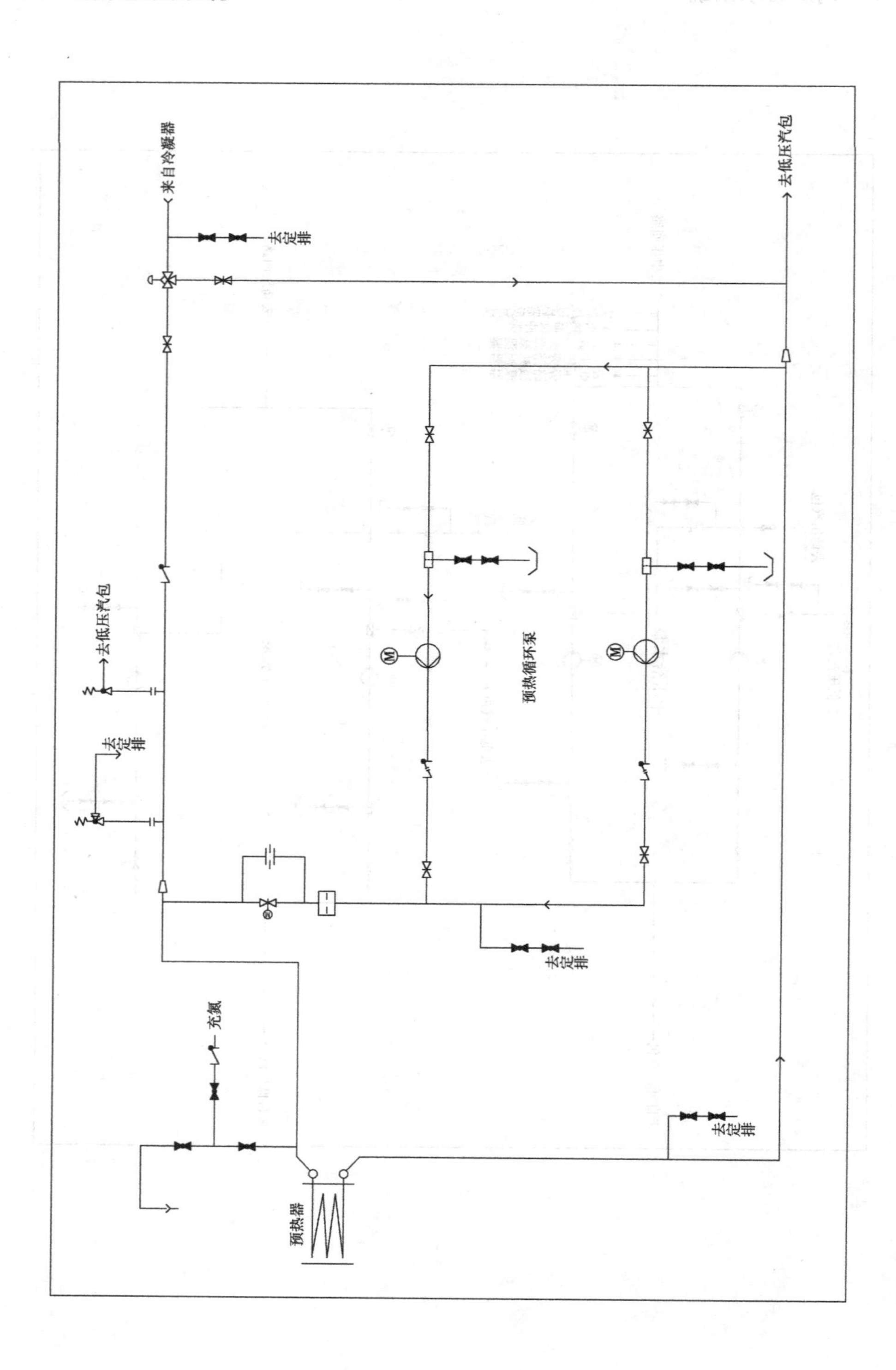

附录5　常用阀门简介

阀门是流体管路的控制装置，其基本功能是接通或切断管路介质的流通，改变介质的流通，改变介质的流动方向，调节介质的压力和流量，保护管路设备的正常运行。

随着现代工业的不断发展，阀门需求量不断增长。但往往由于制造、使用选型、维修不当，出现跑、冒、滴、漏现象，由此引起爆炸、中毒、烫伤事故，或者造成产品质量低劣、能耗提高、设备腐蚀、物耗提高、环境污染，甚至造成停产等事故已屡见不鲜。因此，对阀门质量提出了更高的要求，同时也要求提高阀门的使用、维修水平，对阀门操作人员、维修人员以及工程技术人员提出新的要求，除了要精心设计、合理选用、正确操作阀门之外，还要及时维护、修理阀门，使阀门的“跑、冒、滴、漏”及各类事故降到最低限度。

5.1　阀门的分类

阀门的用途广泛，种类繁多，分类方法也比较多。

①阀门按用途可分为：关断类，这类阀门只用来截断或接通流体，如截止阀、闸阀、球阀等；调节类，这类阀门用来调节流体的流量或压力，如调节阀、减压阀和节流阀等；保护类，这类阀门用来起某种保护作用，如安全阀、逆止阀及快速关闭阀等。

②阀门按压力可分为：低压阀 $Pg \leqslant 1.6$ MPa，中压阀 $Pg = 2.5 \sim 6.4$ MPa，高压阀 $Pg = 10 \sim 80$ MPa，超高压阀 $Pg \geqslant 100$ MPa，真空阀 $Pg < 0.101\ 3$ MPa。

③阀门按工作温度可分为：低温阀 $t < -30$ ℃，中温阀 120 ℃ $\leqslant t \leqslant$ 450 ℃，高温阀 $t > 450$ ℃，常温阀 -30 ℃ $\leqslant t < 120$ ℃。

④阀门按驱动方式可分为：手动阀、电动阀、气动阀、液动阀等。

5.2　电厂常用阀门简介

电厂常用的阀门种类主要有：蝶阀（包括手动蝶阀、气动蝶阀、电动蝶阀）、衬胶隔膜阀（手动、气动）、截止阀、闸阀、球阀、止回阀、减压阀、安全阀等。

5.2.1　闸阀

闸阀也叫闸板阀，如附录5.1所示，依靠闸板密封面高度光洁、平整与一致，相互贴合来阻止介质流过，并依靠顶楔来增加密封效果。其关闭件沿阀座中心线垂直方向作直线升降运动以接通或截断管路中的介质。

闸阀的主要优点：

①流体阻力小。闸阀阀体内部介质通道是直通的，介质流经闸阀时不改变流动方向，因而流动阻力较小。

②启闭较省力。启闭时闸板运动方向与介质流动方向相垂直，与截止阀相比，闸阀的启闭较为省力。

③介质流动方向一般不受限制。介质可从闸阀两侧任意方向流过，均能达到接通或截断的目的。

④便于安装，适用于介质的流动方向可能改变的管路中。

附录 5.1 闸阀

闸阀的主要缺点：

①高度大，启闭时间长。由于开启时需将闸板完全提升到阀座通道上方，关闭时又需将闸板全部落下挡住阀座通道，所以闸板的启闭行程很大，起高度也相应增大，启闭时间较长。

②密封面易产生擦伤。启闭时闸板与阀座相接触的两密封面之间有相对滑动，在介质作用下易产生擦伤，从而破坏密封性能，影响使用寿命。

5.2.2 截止阀

截止阀是一种常用的截断阀，如附录 5.2 所示，主要用于接通或截断管路中的介质，一般用于中、小口径的管道，适用的压力、温度范围很大。截止阀一般不用于调节介质流量。截止阀阀体的结构形式有直通式、直流式和角式，直通式是最常见的结构，但其流体阻力最大；直流式的流体阻力较小，多用于含固体颗粒或黏度大的流体；角式阀体多采用锻造，适用于较小口径、较高压力的管道。

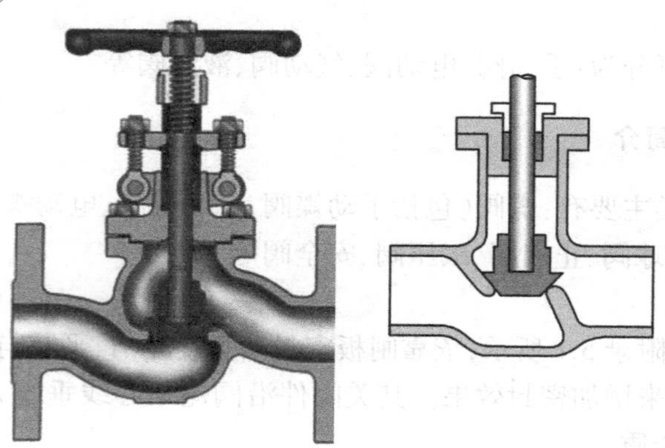

附录 5.2 截止阀

截止阀的主要优点：

①截止阀的结构比较简单，制造和维修都比较方便。

②密封面不易磨损、擦伤，密封性较好，寿命较长。

③启闭时阀瓣行程较小，启闭时间短，阀门高度较小。

截止阀的主要缺点：

①流体阻力大，阀体内介质通道比较曲折，故能量消耗较大。

②启闭力矩大，启闭较费力。关闭时，因为阀瓣的运动方向与介质压力作用方向相反，阀

瓣的运动必须克服介质的作用力,故启闭力矩大。

③介质的流动方向,一般有由下向上流动要求的限制。

5.2.3 止回阀

止回阀是能自动阻止流体倒流的阀门,也称为逆止阀,如附录 5.3 所示。止回阀的阀瓣在流体压力下开启,流体从进口侧流向出口侧,当进口侧压力低于出口侧时,阀瓣在流体压差、本身重力等因素作用下自动关闭以防止流体倒流。止回阀通常被用于泵的出口。

止回阀一般分为升降式、旋启式、蝶式及隔膜式等几种类型。升降式止回阀的结构一般与截止阀相似,其阀瓣沿着通道中心线作升降运动,动作可靠,但流体阻力较大,适用于较小口径的场合。旋启式止回阀的阀瓣绕转轴作旋转运动,其流体阻力一般小于升降式止回阀,它适用于较大口径的场合。蝶式止回阀的阀瓣类似于蝶阀,其结构简单、流阻较小,水锤压力亦较小。隔膜式止回阀有多种结构形式,均采用隔膜作为启闭件,由于其防水锤性能好,结构简单、成本低,近年来发展较快,但隔膜式止回阀的使用温度和压力受到隔膜材料的限制。

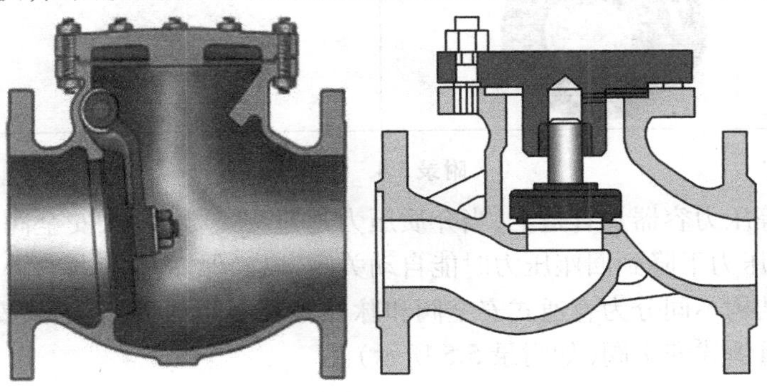

附录 5.3 止回阀

5.2.4 蝶阀

蝶阀是用随阀杆转动的圆形蝶板作启闭件以实现启闭动作的阀门,如附录 5.4 所示。蝶阀主要作截断阀使用,亦可设计成具有调节或截断兼调节的功能。蝶阀主要用于低压大中口径管道上。

蝶阀的主要优点:

①结构简单、长度短、体积小、质量轻,与闸阀相比质量可减轻一半,对夹式蝶阀该优点尤其显著。

②流体阻力小。中大口径的蝶阀,全开时的有效流通面积较大。

③启闭方便迅速而且比较省力。蝶阀旋转 90°即可完成启闭。由于转轴两侧蝶板受介质作用力接近相等,而产生的转矩方向相反,因而启闭力矩较小。

④低压下可实现良好的密封。大多蝶阀采用橡胶密封圈,故密封性能良好。

⑤调节性能良好。通过改变蝶板的旋转角度可以较好地控制介质的流量。

蝶阀的主要缺点:受密封圈材料的限制,蝶阀的使用压力和工作温度范围较小,大部分蝶阀采用橡胶密封圈,工作温度受到橡胶材料的限制。随着密封材料的发展及金属密封蝶阀的开发,蝶阀的工作温度及使用压力的范围已有所扩大。

5.2.5 安全阀

安全阀是设备和管道的自动保护装置,常用于汽包、蒸汽管道、给水管道、加热器、压缩空

附录 5.4 蝶阀

气管道和储气罐等压力容器及管道上，当介质压力超过规定数值时，安全阀自动开启，以排除过剩介质压力，当压力下降到回座压力时能自动关闭，以确保安全。

安全阀按其结构不同分为直通式安全阀和脉冲式安全阀两种，直通式安全阀又分为弹簧式安全阀和杠杆重锤式安全阀（如附录 5.5 所示）。

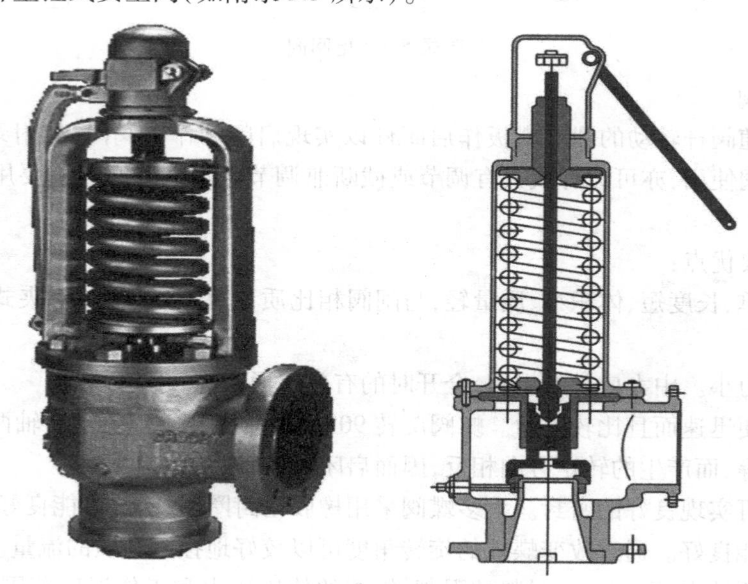

附录 5.5 弹簧式安全阀

弹簧式安全阀通过弹簧的压紧力控制阀芯的开闭。正常运行时，弹簧向下的作用力大于流体作用在阀芯上的向上作用力，安全阀关闭。一旦流体压力超过允许压力时，流体作用在阀芯上的向上的作用力增加，阀芯被顶开，流体溢出，待流体压力下降至弹簧作用力以下后，弹簧

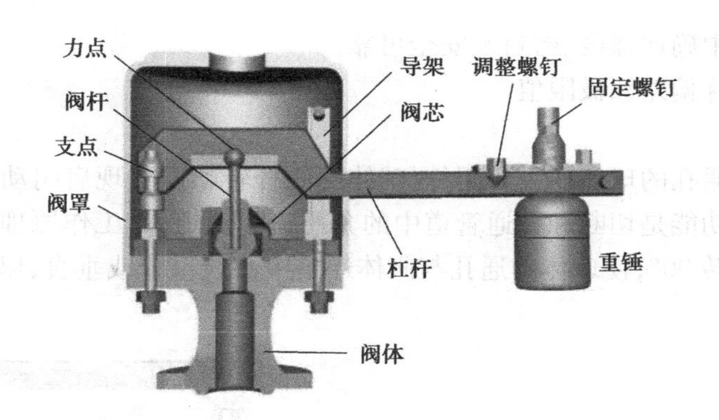

附录 5.6 杠杆重锤式安全阀

又压住阀芯迫使其关闭。弹簧式安全阀的优点是结构紧凑、体积小、重量轻、启闭动作可靠、对振动不敏感等;其缺点是作用在阀芯上的载荷随开启高度而变化,对弹簧的性能要求很严格,制造困难。

杠杆重锤式安全阀利用重锤和杠杆来平衡作用在阀瓣上的力,根据杠杆原理,可以使用质量较小的重锤通过杠杆的增大作用获得较大的作用力,并通过移动重锤的位置(或变换重锤的质量)来调整安全阀的开启压力。杠杆重锤式安全阀结构简单,调整容易而又比较准确,所加的载荷不会因阀瓣的升高而有较大的增加,过去用得比较普遍。但杠杆重锤式安全阀结构比较笨重,加载机构容易振动,并常因振动而产生泄漏,其回座压力较低,开启后不易关闭及保持严密。

先导式安全阀是由主阀、副阀组成(如附录 5.7 所示)。当阀门处于关闭状态时,主阀芯上下腔室均与介质相通,上下两侧承受的介质压力相同,借助弹簧的作用,主阀芯落在阀座上起密封作用。当系统压力超限时,首先动作副阀阀芯,切断通往主阀芯上部腔室的介质通道,同时将原先在主阀芯上部腔室的介质排放,使得主阀芯在介质压力作用下迅速打开排放压力。随着压力下降,副阀阀芯动作,往主阀芯上部腔室的介质通道被打通,介质的压力与弹簧的压力共同作用将主阀芯关闭。

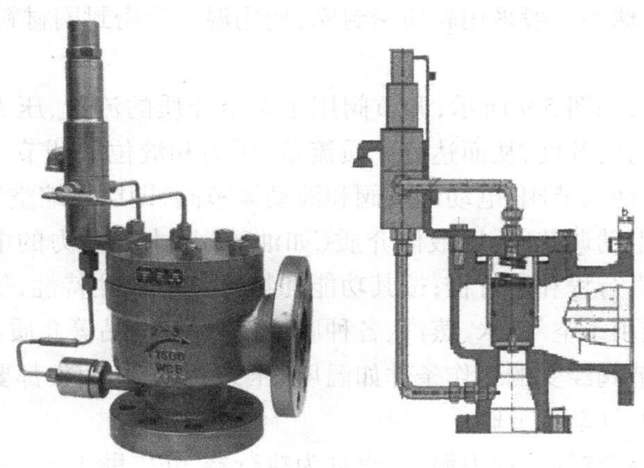

附录 5.7 先导式安全阀

安全阀选用要求:

①灵敏度高。

②具有规定的排放压力。

③在使用过程中确保强度、密封及安全可靠。

④动作性能允许偏差和极限值。

5.2.6 球阀

球阀用带圆形通孔的球体作为启闭件，球体随阀杆转动以实现启闭动作的阀门，如图5.8所示。球阀的主要功能是切断和接通管道中的介质流通通道，其工作原理是借助手柄或其他驱动装置使球体旋转90°，使球体的通孔与阀体通道中心线重合或垂直，以完成阀门的全开或全关。

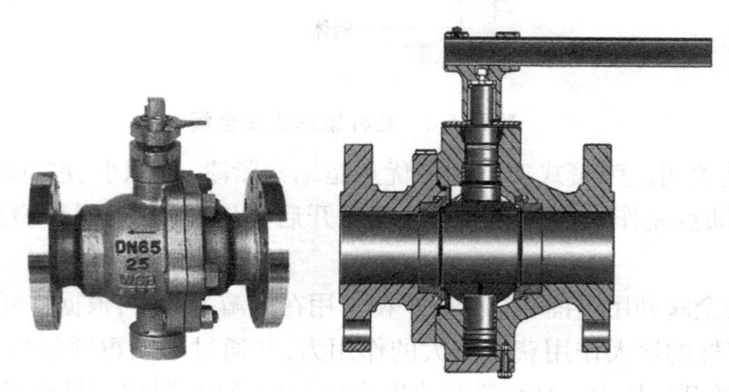

附录5.8 球阀

球阀的优点：

①流体阻力小。全开时球体通道、阀体通道和连接管道的截面积相等，并且成直线相通，介质流过球阀，相当于流过一段直通的管子。化水系统中树脂通过的阀门一般采用球阀。

②启闭迅速。启闭时只需把球体转动90°，方便而迅速。

③结构较简单，体积较小，质量较轻，特别是其高度远小于闸阀和截止阀。

④密封性能好。球阀一般采用具有弹性的软质密封圈。

球阀的缺点：

使用温度范围小。球阀一般采用软质密封圈，使用温度受密封圈材料的限制。

5.2.7 调节阀

调节阀又名控制阀，如图5.9所示，调节阀用于调节介质的流量、压力和液位。根据调节对象信号，自动控制阀门的开度，从而达到介质流量、压力和液位的调节。调节阀按驱动方式可分为：手动调节阀、气动调节阀、电动调节阀和液动调节阀，即以压缩空气为动力源的气动调节阀，以电为动力源的电动调节阀，以液体介质（如油等）压力为动力的电液动调节阀。按行程特点，调节阀可分为直行程和角行程；按其功能和特性分为线性特性，等百分比特性及抛物线特性三种。调节阀适用于空气、水、蒸汽、各种腐蚀性介质、油品等介质。

在许多系统中，调节阀经受的工作条件如温度、压力、腐蚀和污染都要比其他部件更为严重。电厂常用的有电动、气动调节阀。

气动调节阀是以压缩空气为动力源、以汽缸为执行器，并借助于电气阀门定位器、转换器、电磁阀、保位阀等附件去驱动阀门实现开关量或比例式调节，接收工业自动化控制系统的控制信号来完成调节管道介质的流量、压力、温度等各种工艺参数。气动调节阀的特点就是控制简单，反应快速，且本质安全，不需另外再采取防爆措施。

电动调节阀是工业自动化过程控制中的重要执行单元，随着工业领域的自动化程度越来

附录 5.9 调节阀

越高被越来越多地应用在各种工业生产领域中。与传统的气动调节阀相比具有明显的优点：节能，电动调节阀只在工作时才消耗电能；环保，无碳排放，安装快捷方便无需复杂的气动管路和气泵工作站。

5.2.8 **液压阀**

液压阀是一种用压力油操作的自动化元件，是液压传动中用来控制液体压力、流量和方向的元件。它受压力油的控制，通常与电磁阀组合使用，可用于远距离控制油、气、水管路系统的通断，如附录 5.10 所示，常用于夹紧、控制、润滑等油路。其中控制压力的称为压力控制阀，控制流量的称为流量控制阀，控制通、断和流向的称为方向控制阀。液压阀有直动型与先导型之分，大多采用先导型。

压力控制阀：按用途分为溢流阀、减压阀和顺序阀。

溢流阀：能控制液压系统在达到调定压力时保持恒定状态，用于过载保护的溢流阀称为安全阀。当系统发生故障，压力升高到可能造成破坏的限定值时，阀口会打开而溢流，以确保系统的安全。

减压阀：能控制分支回路得到比主回路油压低的稳定压力。减压阀按它所控制的压力功能不同，又可分为定值减压阀（输出压力为恒定值）、定差减压阀（输入与输出压力差为定值）和定比减压阀（输入与输出压力间保持一定的比例）。

顺序阀：能使一个执行元件（如液压缸、液压马达等）动作以后，再按顺序使其他执行元件动作。

流量控制阀：利用调节阀芯和阀体间的节流口面积和它所产生的局部阻力对流量进行调

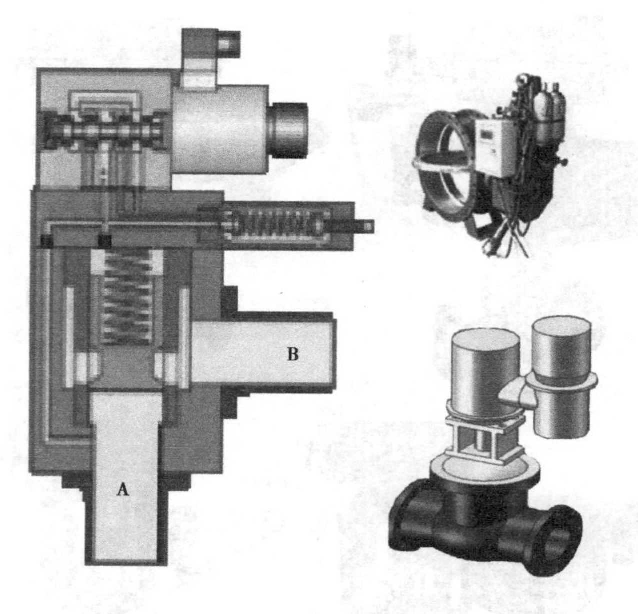

附录 5.10　液压阀

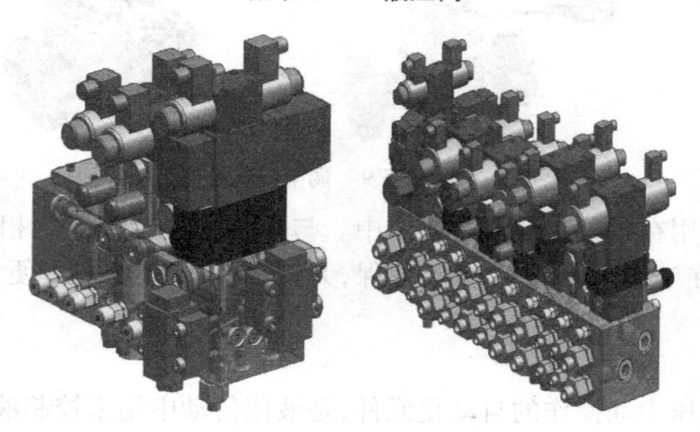

附录 5.11　液压阀三维图

节，从而控制执行元件的运动速度。流量控制阀按用途分为以下五类。

节流阀：在调定节流口面积后，能使载荷压力变化不大和运动均匀性要求不高的执行元件的运动速度基本上保持稳定。

调速阀：在载荷压力变化时能保持节流阀的进出口压差为定值。这样在节流口面积调定以后，不论载荷压力如何变化，调速阀都能保持通过节流阀的流量不变，从而使执行元件的运动速度稳定。

分流阀：不论载荷大小，能使同一油源的两个执行元件得到相等流量的为等量分流阀或同步阀，得到按比例分配流量的为比例分流阀。

集流阀：作用与分流阀相反，使流入集流阀的流量按比例分配。

分流集流阀：兼具分流阀和集流阀两种功能。

方向控制阀：按用途分为单向阀和换向阀。单向阀：只允许流体在管道中单向接通，反向即切断。换向阀：改变不同管路间的通、断关系，根据阀芯在阀体中的工作位置数分两位、三位等；根据所控制的通道数分两通、三通、四通、五通等；根据阀芯驱动方式分手动、机动、电动、液动等。

电液比例控制阀:其输出量(压力、流量)能随输入的电信号连续变化。电液比例控制阀按作用不同相应地分为电液比例压力控制阀、电液比例流量控制阀和电液比例方向控制阀等。

液压阀的特点:

①动作灵活,作用可靠,工作时冲击和振动小。

②油流过时压力损失小。

③密封性能好。

④结构紧凑,安装、调试、使用、维护方便,通用性大。

5.2.9 疏水阀

蒸汽疏水阀(附录 5.12)的基本作用是将蒸汽系统中的凝结水、空气和二氧化碳气体尽快排出,同时最大限度地自动防止蒸汽的泄漏。

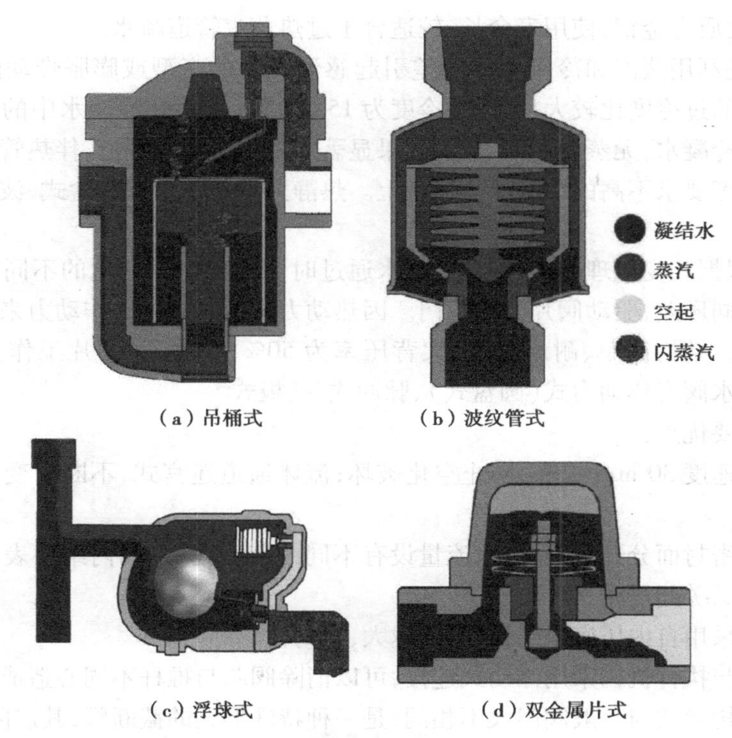

附录 5.12 疏水阀

疏水阀的种类很多,各有特点。根据疏水阀工作原理的不同,可分为以下三种类型:

机械型:也称浮子型,是利用凝结水与蒸汽的密度差,通过凝结水液位变化使浮子升降带动阀瓣开启或关闭,达到阻汽排水目的。机械型疏水阀的过冷度小,不受工作压力和温度变化的影响,有水即排,加热设备里不存水,能使加热设备达到最佳换热效率。机械型疏水阀有自由浮球式、自由半浮球式、杠杆浮球式、倒吊桶式等。

自由浮球式疏水阀:自由浮球式疏水阀的结构简单,内部只有一个活动部件精细研磨的不锈钢空心浮球,既是浮子又是启闭件,无易损零件,使用寿命很长。

自由半浮球式疏水阀:自由半浮球式疏水阀只有一个半浮球式的球桶为活动部件,开口朝下,球桶即是启闭件,又是密封件。整个球面都可为密封、使用寿命很长、能抗水锤、没有易损件、无故障、经久耐用、无蒸汽泄漏。

杆浮球式疏水阀:杠杆浮球式疏水阀基本特点与自由浮球式相同,内部结构是浮球连接杠杆带动阀心,随凝结水的液位升降进行开关阀门。杠杆浮球式疏水阀利用双阀座增加凝结水排量,可达到体积小排量大,最大疏水量达 100 t/h,用于大型加热设备疏水。

倒吊桶式疏水阀:倒吊桶式疏水阀内部的倒吊桶为液位敏感件,吊桶开口向下,倒吊桶连接杠杆带动阀心开闭阀门。倒吊桶式疏水阀能排空气、抗水击性能好、抗污性能好、过冷度小、漏汽率小于 3%、最大背压率为 75%、连接件比较多,灵敏度不如自由浮球式疏水阀。因倒吊桶式疏水阀是靠蒸汽向上浮力关闭阀门,当工作压差小于 0.1 MPa 时,不适合选用。

组合式过热蒸汽疏水阀:组合式疏水阀有两个隔离的阀腔,由两根不锈钢管连通上下阀腔,是浮球式和倒吊桶式疏水阀的组合。在过热、高压、小负荷的工作状况下,能够及时地排放过热蒸汽冷凝水,有效地阻止过热蒸汽泄漏,工作质量高。最高允许温度为 600 ℃,阀体为全不锈钢,阀座为硬质合金钢,使用寿命长,较适合于过热蒸汽管道疏水。

热静力型:是利用蒸汽和冷凝水的温差引起感温元件的变型或膨胀带动阀心启闭阀门。热静力型疏水阀的过冷度比较大,一般过冷度为 15~40 ℃,能利用冷凝水中的一部分显热,阀前始终存有高温冷凝水,无蒸汽泄漏,节能效果显著。常用于蒸汽管道,伴热管线、小型加热设备,采暖设备,温度要求不高的小型加热设备上。热静力型疏水阀有膜盒式、波纹管式、双金属片式。

热动力型:根据相变原理,靠蒸汽和冷凝水通过时流速和体积变化的不同热力学原理,使阀片上下产生不同压差,驱动阀片开关阀门。因热动力式疏水阀的工作动力来源于蒸汽,所以蒸汽浪费比较大。结构简单、耐水击、最大背压率为 50%、有噪音、阀片工作频繁、使用寿命短。热动力型疏水阀有热动力式(圆盘式)、脉冲式、孔板式。

疏水阀的主要优点:

①控制流体速度 30 m/s 左右,防止空化破坏;流体通道迷宫式,不断改变流体方向,允许压差 25 MPa。

②节流面与密封面分开,根椐疏水流量设有不同的节流元件,阀内组件表面硬化处理,硬度可达到 70 HRC,关闭严密,寿命长。

③阀体组件采用自内压密封结构,压差越大,密封性越好。

④阀体组件与执行机构采用浮动式连接,可以消除阀芯与推杆不同心造成的卡死现象。

隔膜阀的结构形式与一般阀门大不相同,是一种特殊形式的截断阀,其启闭件是一块用软质材料制成的隔膜,把阀体内腔与阀盖内腔及驱动部件隔开,如图 5.13 所示。常用的隔膜阀按材质分为铸铁隔膜阀,铸钢隔膜阀,不锈钢隔膜阀,塑料隔膜阀。

隔膜阀是在阀体和阀盖内装有一挠性隔膜或组合隔膜,其关闭件是与隔膜相连接的一种压缩装置。阀座可以是堰形,也可以是直通流道的管壁。隔膜阀的优点是:其操纵机构与介质通路隔开,不但确保了工作介质的纯净,同时也防止管路中介质冲击操纵机构工作部件的可能性。此外,阀杆处不需要采用任何形式的单独密封,除非在控制有害介质中作为安全设施使用。隔膜阀中,由于工作介质接触的仅仅是隔膜和阀体,二者均可以采用多种不同的材料,因此,该阀能理想地控制多种工作介质,尤其适合带有化学腐蚀性或悬浮颗粒的介质。隔膜阀的工作温度通常受隔膜和阀体衬里所使用材料的限制,其工作温度范围为-50~175 ℃。隔膜阀结构简单,由阀体、隔膜和阀盖组合件三个主要部件构成,易于快速拆卸和维修,更换隔膜可以

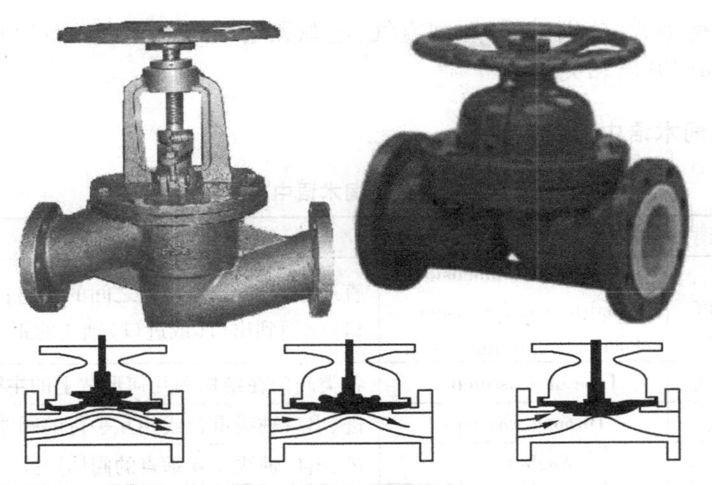

附录 5.13　隔膜阀

在现场短时间内完成。

隔膜阀特点：

①流体阻力小。

②能用于含硬质悬浮物的介质；由于介质只与阀体和隔膜接触，所以无需填料函，不存在填料函泄漏问题，对阀杆部分无腐蚀可能。

③适用于有腐蚀性、粘性、浆液介质。

④不能用于压力较高的场合。

5.2.10　真空阀

真空阀是工作压力低于标准大气压应用于真空系统的阀门，如图 5.14 所示。真空阀不仅结构简单、体积小、重量轻、材料耗用省、安装尺寸小，而且驱动力矩小、操作简便、迅速，并且还同时具有良好的流量调节功能和关闭密封特性，真空阀在大中口径、中低压力的拥有广泛的使用领域。

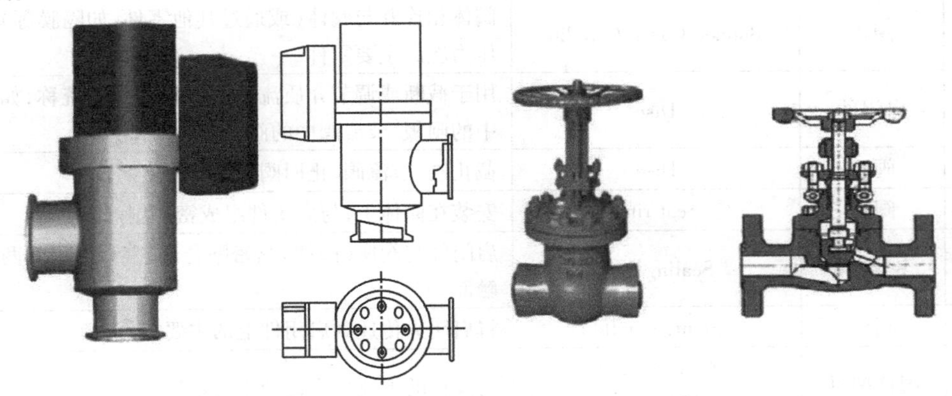

附录 5.14　真空阀

真空阀的分类：真空阀常见的种类有真空球阀、真空调节阀、高真空蝶阀、高真空隔膜阀、电磁真空带充气阀、电磁高真空挡板阀、电磁高真空充气阀、高真空微调阀、高真空挡板阀、高真空插板阀、超高真空挡板阀、超高真空插板阀等。真空阀按照驱动的型式分为：手动、气动、电动和电磁动四种型式，分别以手、压缩空气、电源和电磁力为动力，通过执行机构带动阀板（阀瓣、阀芯）使阀门开启和关闭。

5.3 阀门名词术语中英文对照表

附录 5.15 阀门名词术语中英文对照表

编号	名词术语	英语	说明
1	结构长度	Face-to-face dimension End-to-end dimension Face-to-centre dimension	直通式为进、出口端面之间的距离；角式为进口（或出口）端面到出口（或进口）轴线的距离
2	结构形式	Type of construction	各类阀门在结构和几何形状上的主要特征
3	直通式	Through way type	进、出口轴线重合或相互平行的阀体形式
4	角式	Angle type	进、出口轴线相互垂直的阀体形式
5	直流式	Y-globe type，Y-type	通路成一直线，阀杆位置与阀体通路轴线成锐角的阀体形式
6	三通式	Three way type	具有三个通路方向的阀体形式
7	T 形三通式	T-pattern three way	塞子（或球体）的通路呈"T"形的三通式
8	L 形三通式	L-pattern three way	塞子（或球体）的通路呈"L"形的三通式
9	平衡式	Balance type	利用介质压力平衡减小阀杆的轴向力的结构形式
10	杠杆式	Lever type	采用杠杆带动启闭件的结构形式
11	常开式	Normally open type	无外力作用时，启闭件自动处于开启位置的结构形式
12	常闭式	Normally closed type	无外力作用时，启闭件自动处于关闭位置的结构形式
13	保温式	Steam jacket type	带有蒸气加热夹套结构的各种阀门
14	波纹管密封式	Bellows seal type	用波纹管作阀杆主要密封的各种阀门
15	阀体	Body	与管道（或机器设备）直接连接，并控制介质流通的阀门主要零件
16	阀盖	Bonnet，Cover，Cap，lid	阀体相连并与阀体（或通过其他零件，如隔膜等）构成压力腔的主要零件
17	启闭件	Disc	用于截断或调节介质流通的一种零件的统称，如闸阀中的闸板、节流阀中的阀瓣等
18	阀瓣	Disc	截止阀、节流阀、止回阀等阀门中启闭件
19	阀座	Seat ring	安装在阀体上，与启闭件组成密封副的零件
20	密封面	Sealing face	启闭件与阀座（阀体）紧密贴合，起密封作用的两个接触面
21	阀杆	Stem，Spindie	将启闭力传递到启闭件上的主要零件
22	阀杆螺母	Yoke bushing Yoke nut	与阀杆的螺纹构成运动副的零件
23	填料函	–	在阀盖（或阀体）上，充填填料，用来阻止介质由阀杆处泄漏的一种结构
24	填料箱	Stuffing bow	充填填料，阻止介质自阀杆处泄漏的零件
25	填料压盖	Gland	用以压紧填料达到密封的零件

附录6 焓熵图与术语表

6.1 水蒸汽焓熵图

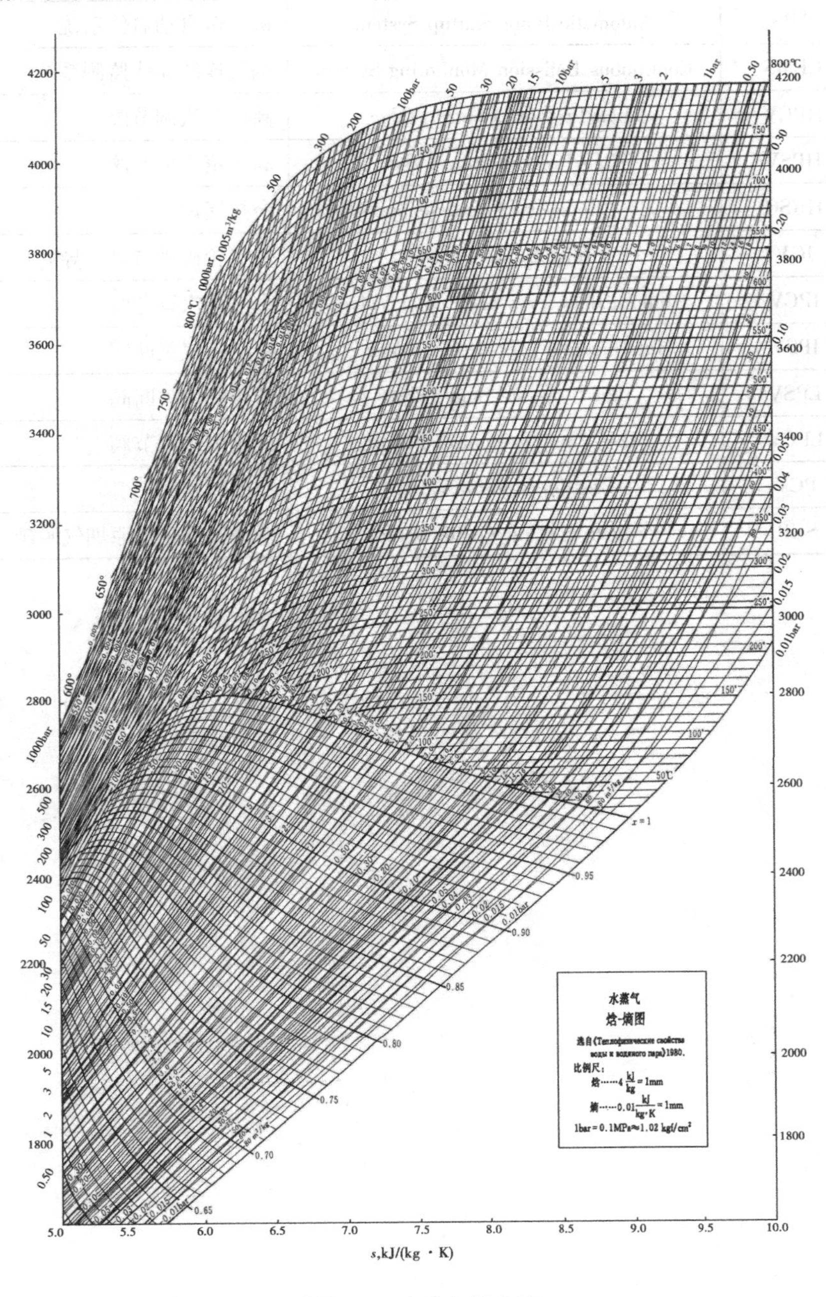

附录 6.1 水蒸气焓熵图

6.2 名词术语表

附录 6.2 锅炉名词术语表

编 号	名词术语	英 语	说 明
1	AIG	Ammonia Injection Grid	喷氨格栅
2	APS	Automatic Plant Startup System	机组全自动启停系统
3	CEMS	Continuous Emission Monitoring System	烟气连续在线监测系统
4	HPCV	High Pressure Control Valve	高压蒸汽调节阀
5	HPSV	High Pressure Stop Valve	高压蒸汽关断阀
6	HRSG	Heat Recovery Steam Generator	余热锅炉
7	IGV	Inlet Guide Vanes	燃气轮机进口可转导叶
8	IPCV	Intermediate Pressure Contol Valve	中压蒸汽调节阀
9	IPSV	Intermediate Pressure Stop Valve	中压蒸汽关断阀
10	LPSV	Low Pressure Stop Valve	低压蒸汽关断阀
11	LPCV	Low Pressure Control Valve	低压蒸汽调节阀
12	PCV	Pressure Control Valve	压力控制阀
13	SCR	Selective Catalytic Reduction	选择性催化还原烟气脱硝技术

参考文献

[1] Tomlinson L.O, Chase D.L, Davidson T.L, Smith R.W. GE Combined-Cycle Product Line and Performance. GE Power Generation[J]. GER-3574D. 1993, 1-43.

[2] 董卫国,焦建树,江哲生,邱长青.大型燃气轮机和余热锅炉技术资料[C].全国电力技术市场协会,2004.

[3] 焦树建.燃气/蒸汽联合循环[M].北京:机械工业出版社,2006.

[4] 周菊华.电厂锅炉运行[M].北京:中国电力出版社,1999.

[5] 段传和,夏怀祥.燃煤电站 SCR 烟气脱硝工程技术[M].中国电力出版社, 2009.

[6] 周洁.9F 燃机余热锅炉脱硝系统简介[J].余热锅炉 I ,2007(4).

[7] 吕同波,李建浏,胡永锋.SCR 烟气脱硝技术在燃气余热锅炉上的工程应用[J].节能技术,2009.

[8] 洪卫铃.9FA 单轴燃气-蒸汽联合循环机组余热锅炉的控制和运行[J].燃气轮机发电技术,2005,7(3/4):205-212.

[9] 边立秀,彭学智,等.电厂热工过程自动控制系统[J].北京:华北电力大学,1997.

[10] 清华大学热能工程系,大庆石油管理局供电公司,焦树建.燃气蒸汽联合循环电站培训教材(五)[M].北京:清华大学,1988.

[11] 吴仁芳.电厂化学[M].2 版.北京:中国电力出版社,1995.

[12] 巩耀武,管炳军.火力发电厂化学水处理实用技术[M].北京:中国电力出版社,2006.

[13] 清华大学热能工程系动力机械与工程研究所,深圳南山热电股份有限公司.燃气轮机与燃气-蒸汽联合循环装置[M].北京:中国电力出版社,2008.

[14] 中国华电集团公司.大型燃气-蒸汽联合循环发电技术丛书　设备及系统分册[M].北京:中国电力出版社,2009.

[15] 内斯比特(英),张清双,等,译.阀门和驱动装置技术手册[M].北京:化学工业出版社,2010.

[16] 中国电力工业协会电站辅机分会.电站常用阀门手册[M].北京:中国电力出版社,2000.